漫话葡萄酒

品葡萄酒，享快乐人生！

（日）池田书店◎编著　　陈浩◎译

辽宁科学技术出版社

·沈阳·

本书阅读指南

这是本书的"园内地图"。从选择葡萄酒的方法，到开瓶方式和配菜方法，还有更进一步的葡萄酒知识和世界葡萄酒巡游……都可以在此处找到。总之本书满载了关于如何享用葡萄酒的知识，敬请翻阅！

序

出发去酿酒厂

愉快的酿酒厂之旅

去酿酒厂亲身感受葡萄酒的魅力，让你加倍爱上葡萄酒！

第二章

探索葡萄酒的秘密

知道得越多越有乐趣

本章介绍有关葡萄酒之源，葡萄的一切知识！

第一章

了解葡萄酒的品种

比较口感吧

找到适合你的葡萄酒，本章设有品酒专区。

第五章

与葡萄酒的美丽邂逅

选到美酒的诀窍是

在商店和餐馆也能点到好酒！Let's go!

目 录

CONTENTS

C O N T E N T S

出发去酿酒厂

Let's go to the winery!

可以体验到无数葡萄酒的魅力，
更会毫无疑问地彻底爱上葡萄酒。

出发去酿酒厂！！

如果你喜欢葡萄酒，
想要深入了解葡萄酒的话，
那么就先去酿酒厂吧。
法国？意大利？不不，我们并不需要
特意跑那么远。
如果你愿意，就去日本的酒厂好了。
因为，如今日本的葡萄酒，
正变得越来越有魅力。
随着季节变幻模样的广阔的葡萄田，
贮藏在酒桶中，散发迷人香气的葡萄酒，
还有向种植葡萄、酿造美酒倾注了毕生心血的人们
和他们的笑脸。
深呼吸一下，多么地心旷神怡！
在那里，有着让人心驰神往的，
数不清的葡萄酒的秘密。
来吧！一起去葡萄酒的故乡吧！

葡萄酒的魅力，尽在酿酒厂！

梅洛

霞多丽

照片中是2002年开园的中央葡萄酒三泽市酿酒厂的葡萄田（位于明野农场）。坐落在海拔近700米的茅之岳的斜面上，面积20公顷，栽培梅洛、霞多丽为首的欧洲品种。今年也开始种植日本固有品种的甲州葡萄。

中央葡萄酒 中央葡萄酒酿酒厂

中央葡萄酒 三泽酿酒厂

葡萄田

去了葡萄田就能理解为什么说"好葡萄酒出自好葡萄""葡萄酒是一种农作物"了。精心打理过的葡萄地整齐划一，从中仿佛能感受到葡萄蓬勃的生机，令人心旷神怡的同时，也由心底感谢葡萄为葡萄酒带来甘醇的味道。

[上]照看葡萄田的农场主人赤松英一先生说："每年留在树上的葡萄数量，都是经过观测当年的气候，依据以往的经验和预测来决定的。"

[右]娴熟地对每一串葡萄进行修剪，调整大小。这是为了使果汁更为浓缩。

充满乐趣的葡萄酒之旅！

参观酿酒厂是十分愉快的经历。在那里我们能看到许多以前不曾见过的事物。比如一望无际的葡萄地。虽然每家酿造厂都有些不同，但经过悉心照料的葡萄树，散发着芳香的土壤，田埂上吹过的舒服的风想必都是一样的。总之，为人们提供了美味的葡萄酒原料的葡萄地着实是个好地方。另外，我们还能够一边参观受到精心养护的酿造设备和沉睡着成百上千桶葡萄酒的酒窖，一边听酿酒师傅热情洋溢地讲述酿造葡萄酒的过程，逐渐形成对葡萄酒更深层次的认识。更不用说，在那里一定能够尽情享用美酒了。

这次我们探访的是山梨县中央葡萄酒的两个酿酒厂。分别是位于胜沼的总厂和

高65厘米的高架田，具有改良土壤和改善排水的效果

酿酒厂的魅力②
参观路线

有不少酿酒厂还开设了游览葡萄地和酿酒设备，并配有工作人员在旁讲解的参观路线。通过讲解，游客能更深入地了解葡萄酒的栽培、酿造过程，从而体会到其中的辛苦。推荐各位避开收割期等忙碌时期，并提前预约。

[左下]静悄悄地飘着香气的中央酿酒厂酒窖。
[右上]一望无际的胜沼·鸟居平的葡萄田。田地向西南方倾斜，因此排水通畅，能够长出充满矿物质和果汁的葡萄。
[右下]排列成一排的不锈钢酿酒罐。酿酒所里永远都要保持清洁。

明野的三泽分厂。甲州市中央酿酒厂的"gracewine"品牌广为人知，其细腻美味的口感在日本拥有众多的葡萄酒爱好者粉丝。此外，近年来山梨的甲州葡萄酒味道越来越好，也大受好评。而中央葡萄酒也是引领味觉革命的先锋。

我们首先来到了胜沼的酿酒厂。三泽茂计社长首先向我们介绍了胜沼和明野酒厂的区别。"如你们所知，胜沼从很久以前就是葡萄产地，聚集了30多家酿酒厂。有意思的是，甲州葡萄至今还有许多农民在种植，因此在这里保持与农民的共存关系是十分重要的。另一方面，我们在明野的任务，用一个词来说就是'自给生产化'。"

13

酿酒厂的魅力 ③
品酒

基本上所有的酿酒厂都可以提供品酒服务，也就是可以试饮酿造过程中的葡萄酒。显然这绝对是一大乐趣之所在。品尝不同品种的酒，分辨其中的区别，过程中有什么问题还可以随时向工作人员请教。在此往往能接触到不曾接触的品种。

[右上]从右至左分别是2000日元（约合人民币158元）的三泽茅之岳（白），三泽茅之岳（红），1500日元（约合人民币118元）的三泽绯樱（桃红），都是三泽酿酒厂的自主品牌。

[右下]从左至右分别是1980日元（约合人民币156元）的甲州，3990日元（约合人民币314元）的霞多丽，6300日元（约合人民币496元）的三泽（红）。每一种都有着强烈中央葡萄酒厂的风味。其中三泽是仅少量生产的旗舰品牌。

在欧洲，酿酒厂一般都拥有自己的农田，从葡萄的生产到葡萄酒的酿造，整个生产过程都是独立完成的，这就叫自给生产。中央葡萄酒的目标就是在日本的山梨县生产出"全球风行的葡萄酒"。为此，中央葡萄酒必须要从生产符合标准的葡萄开始做起。

在这点上，甲州葡萄也是一样的。食用的甲州葡萄已经有很长的种植历史了，而中央葡萄酒在明野着手生产的是不同于胜沼的酒用甲州葡萄——也就是糖度更高、风味更为凝聚的甲州葡萄。

棚架结构的甲州葡萄田中，三泽茂计社长正在介绍胜沼的风土和甲州葡萄酒的发展前景。

[左]三泽酿酒厂今年刚刚种植的甲州垣根葡萄田。[右]试验栽种的甲州葡萄，果实又疏又小。

酿酒厂的魅力 ④
酿酒师

在规模较小的日本酿酒厂，能够遇到酿酒师本人的机会很大。这时推荐大家鼓起勇气直接上前搭话。越是热心的酿酒师，越愿意倾听消费者的意见，即使寥寥数语也能从中感受到他们的热情。酒就像他们的孩子一样。

酿酒师三泽彩奈女士。毕业于波尔多大学酿造系。从照片就能感受到她对葡萄酒的执著。

我们的下一个目的地是离胜沼驾车约50分钟路程的明野的三泽分厂，那里的酿造负责人三泽彩奈对我们说：

"明野四面环山，年日照时间达到2600小时，居日本第一。它的海拔在700米左右，白天天气晴朗，晚上会变得很凉，昼夜温差较大。土地也不是特别肥沃，十分适合葡萄的生长。这里种植和酿造的是霞多丽、梅洛等欧洲品种的葡萄。"

站在田上，眼前的风景十分漂亮。站在茅之岳的西麓，山风中眺望四周，北方有八之岳，西边有南阿尔卑斯山，往南还可以看到远方的富士山。葡萄田是南北走

与酿酒厂共同设立的"彩"饭店，使用自家菜园的有机蔬菜和产自明野的种种食材，制作出充满时鲜风味的美味佳肴。人气美食腌菜，以及附赠的蔬菜中也使用了不少葡萄酒，葡萄酒配菜更添美味。

酿酒厂的魅力⑤
饮食

最近许多酿酒厂也开始同时经营饭店，这又是一大乐趣。为了让顾客们能更加品味到自给的葡萄酒而专门设计的配菜是其特色。不但有本公司的葡萄酒，顾客往往还能尝到别处不能喝到的专用酒。绝对不能错过！

向的高架田。

　　"从春天到秋天，这里吹的都是南风。农田的方向使风通过时可以畅行无阻，高架田使排水更顺畅。这样葡萄就能浓缩更多的营养成分。"

　　据说，为了让葡萄的味道更加浓缩，需要工作人员根据日照量，用剪刀调整每串葡萄的大小。真可谓是照料得无微不至。

　　午饭时间到了，在酿酒厂隔壁的"彩"饭店，可以品尝到自家或当地种植的蔬菜做成的料理，当然，更少不了来自中央葡萄酒的美酒。据说其中还有只有在这里

酿酒厂的魅力 ⑥
购物

饱览了酿酒厂的美景，饱餐了当地的美食之后，就该来到商店了。在店内你能找到只在那里发售的葡萄酒，只有在当时才能买到的葡萄酒，还有酿酒厂特制的果汁、果酱和奶酪。怎么样？你要买多少呢？

品酒结束后，在离开前就去找找有没有中意的红酒吧！店里有不少只能在这里买到的稀有品种，还有全天然软木塞以及葡萄田的明信片。怎么样，眼花缭乱了吧。

才能品尝到的葡萄酒。坐在露天座位上，手里拿着玻璃杯，感受自然的气息，心中只盼这一刻就此静止。在酿酒厂品尝的葡萄酒果然别有风味，请一定要来试一次！

日本的酿酒厂

北海道
HOKKAIDO
酒用葡萄的产量是日本第一。拥有广阔的葡萄田和10家以上的酿酒厂。

山形
YAMAGATA
夏天气候炎热，昼夜温差巨大，但不为人知的葡萄产地。其境内分布有11家酿酒厂。

长野
NAGANO
以种植霞多丽和梅洛等欧洲品种的葡萄而闻名。有20家以上的酿酒厂。

山梨
YAMANASHI
以胜沼为首，县内的酿酒厂数量超过80家。还有不少日本特有的葡萄酒品种。

九州
KYUSHU
觉得意外吗，九州也有能制造高品质葡萄酒的酒厂了？现在约有10家分布在九州各地。

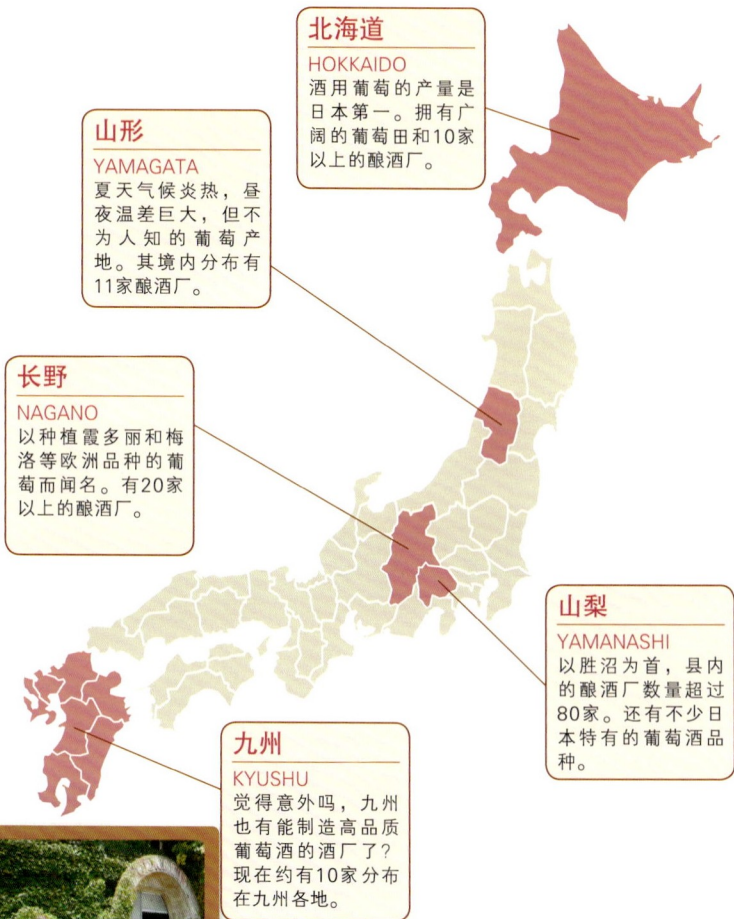

去中央葡萄酒
酿酒厂游览花费为1500日元（约合人民币121元），需要预约。会有工作人员作向导，全程参观葡萄田，在恒温酒窖进行酿造工程的讲解，一边试饮一边接受葡萄酒讲座等项目，时间约为2小时。

推荐的酿酒厂游览项目

　　有些酿酒厂开设了配有导游的游览服务，有关信息都可以在酿酒厂的主页上找到。一般都可以参观葡萄田和酒窖，有些地方还可以试饮。有些时候还会有酿酒师亲自陪同，一定要尝试一下。

了解葡萄酒的品种

Let's look for favorite wines!

让我们先找到合自己口味的酒吧。
葡萄酒种类成千上万，边喝边比较也是一种乐趣。
赶紧开始吧！

葡萄酒的品种

品种好丰富！这正是葡萄酒的特点。

红葡萄酒、白葡萄酒、桃红葡萄酒还有香槟酒……葡萄酒本身就有好多种。我们首先要了解的就是葡萄酒世界的广阔。每种葡萄酒都有其不同的口味，而每种酒都带给人们不同的享受。而品尝不同的葡萄酒，从中找到自己最钟爱的一种也是品酒的乐趣。

那么我们先了解一下葡萄酒有哪些种类。葡萄酒可以按颜色和制作方法来进行分类。

例如，可以分为像香槟那样含有二氧化碳从而能产生气泡的酒，和不含二氧化碳的酒。前者称为"发泡葡萄酒"，后者称为"无泡葡萄酒"。当然，根据颜色特征将葡萄酒分为红、白、桃红三种，也是基本的分类方法。

甜度各异

还有甜度的不同！

从辛辣到中甜，再到极甜，甜度的大小也是区分红酒品种的一种方法。无糖干红给人以最盛大的感觉，而尝过高级含糖葡萄酒的人想必也不会忘记那种感觉吧。含糖葡萄酒的代表风格之一便是"贵腐酒"。贵腐霉使葡萄的甜度异常升高，用这种葡萄酿的酒就有一种独特的甘甜口味。法国波尔多地区的苏玳就是一种著名的贵腐酒。

色 颜色的不同

红、白、桃红。颜色不一样，味道也不同！

| 红 | 白 | 桃红 |

以蓝黑色果皮的红葡萄为原料，其特征是包含红葡萄果皮和籽中的涩味。颜色从明亮的淡红宝石色到深紫的石榴石色，种类十分多样。

浓缩果皮为绿色的白葡萄的果汁后进行发酵，酿出口感清爽富有果味的白葡萄酒。以黄色为基本色调，往往还带些绿色或是金色。

红与白的中间色，粉红色的桃红葡萄酒从视觉上就十分漂亮。既有粉中带灰的品种，也有橙色、淡红色等等。被世人称作"山鹬之眼"（的颜色）！

制作方法 制作方法的不同

香槟酒和雪利酒也是葡萄酒！

| 原名雪利酒 加烈葡萄酒 | 原名香槟酒 发泡葡萄酒 | 普通葡萄酒 无泡葡萄酒 |

酿造过程中添加更多的酒精，酒精度被提升至15°~22°的葡萄酒。具有更高的保存价值，其口感独具特色。主要代表有西班牙的雪利酒和葡萄牙的波特葡萄酒。

含有大量二氧化碳而呈现出发泡性的葡萄酒。其特征是碳酸造成的刺激口感和清凉味道。主要代表有法国的香槟和西班牙的卡瓦葡萄酒。

相对于发泡葡萄酒，我们一般印象中的葡萄酒就叫做无泡葡萄酒。制作方法最为正统，酒精度在8°~15°之间。

葡萄酒的个性差异

色泽、香味和口感表现葡萄酒的个性

　　决定葡萄酒味道的因素有好几个，其中最基本的就是葡萄的品种。就像音乐中的主旋律，葡萄品种的特性会反映在葡萄酒的颜色、香气和味道等各个方面。

　　比方说，同样是红葡萄酒，比较用"赤霞珠"（第44页）和"黑品乐"（第45页）这两种葡萄酿出来的酒，前者就是浓厚的紫红色，散发黑加仑的香味，并带有明显的葡萄涩味。而后者的色泽就更为明亮清澈，带有覆盆子等红色果实的味道，口感也具有涩味较淡的特征。

　　这样，在品酒的时候，留意一下品种的差异，不但能帮助你更快地找到自己喜欢的葡萄酒，在选酒的时候也能根据当日的菜式或心情做出更好的搭配。首先让我们来试试最具代表性的品种吧。

小知识	根据果皮的颜色，葡萄被分为两种
白葡萄品种 果皮呈黄绿色，用于酿造白葡萄酒。也有被称为Gris（灰色），果皮呈粉红色的品种。 ⬇ 白葡萄酒	**红葡萄**品种 果皮呈蓝黑色。主要用于酿造红葡萄酒。红酒中的色素就是从这里提炼的。 ⬇ 红葡萄酒

品尝不同品种的葡萄酒

第 1 章 了解葡萄酒的品种

▼ 葡萄酒种类

白 葡 萄 酒

葡萄品种 **长相思** Sauvignon Blanc	葡萄品种 **霞多丽** Chardonnay	葡萄品种 **维欧尼** Viognier

代表酒种

兰德州长相思葡萄酒(Staete Landt / Sauvignon Blanc)→P166

代表酒种

卡莱拉中央海岸霞多丽葡萄酒(Carela / Chardonnay Central Coast)→P157

代表酒种

圣克斯米酒庄小詹姆斯压榨酒(Saint Cosme / Little James Basket Press)→P147

关注点

新鲜清爽的香味

酒色带绿。香味让人联想到青青嫩草或是柑橘类的果实，能够闻到清爽的酸味。总之这种葡萄所酿出的是一种清爽而味道新鲜的白葡萄酒。

关注点

醇厚的味道

虽然这种葡萄会随着产地以及制法的不同而表现为不同味道的酒，但是细腻而又香醇的口味是不变的。它的另一个特点就是能与木酒桶的香味完美地混合在一起，此外还经常能混入坚果、香草的香味。

关注点

华丽的芳香

是带有芬芳香味的葡萄品种的代表之一。散发的香味让人联想起黄色小花、杏仁或是桃子和荔枝。略带酸味，喝起来很有充实感。

23

红 葡 萄 酒

葡萄品种
赤霞珠
Cabernet Sauvignon

⬇

代表酒种

华诗歌特供葡萄酒
（ Los Vascos / Grande
Reserve ）→P154

关注点

强烈的口感和
醇厚芳香

其水果味让人想起黑加仑和黑
莓等黑色水果的味道，有一定
涩味，口感很是厚重，同时还
有酸味让人心情愉悦。强烈的
口感和醇厚的芳香，让人觉得
优雅高贵。

葡萄品种
黑品乐
Pinot Noir

⬇

代表酒种

分水岭/黑品乐葡萄酒
（ Main Divide / Pinot
Noir ）→P167

关注点

华丽的香味和
水果风味

明亮清澈的颜色和华丽的香味
让人惊艳。颜色看上去像覆盆
子和红加仑，酸度恰到好处，
涩味也很淡。其纯美细腻的氛
围极有魅力。

葡萄品种
歌海纳
Grenache

⬇

代表酒种

古贝尔酒庄/罗讷红
葡萄酒(Domaine Les
Goubert / Cotes Du
Rhone)→P142

关注点

明快的口感

果实味的口感较干，让人想起
樱桃、梅子、李子等水果，还
带有可可和野生药草的气味。
这种明快的口感让人感到一股
南国暖风扑面而来。

品葡萄酒的注意事项

白葡萄酒

⬇注意点

酸味的口感

酸味是否明显还是有所收敛？酸味是犀利的还是缓和的？

水果口感

感觉像是什么水果或是花？柑橘系？苹果或是桃子？还是西番莲？

口感是否醇厚

酒含在口中时是什么感受？是爽口的？还是醇厚有密度的感觉？

是否让你感到新鲜

整体的印象是不是清爽？有没有复杂有深度的感觉？

一开始应该知道的知识

白葡萄酒的品种

- 霞多丽
- 长相思
- 雷司令
- 白诗南
- 甲州

红葡萄酒

⬇注意点

葡萄酒的口感是

含在口中时的整体感觉是什么样的？是饱满的？还是轻快爽口的？

涩味的印象

涩味是否明显？还是平稳？
印象是缓和的？还是涩口的？

水果口感

水果感给人是什么印象？红色的，还是黑色的？是鲜果一般，还是果酱一般的？

口味的复杂程度

味道里有什么样的元素？潮湿的土壤？红茶？香辛料？皮革制品？香度呢？

一开始应该知道的知识

红葡萄酒的品种

- 赤霞珠
- 黑品乐
- 西拉子
- 梅洛
- 桑娇维塞

葡萄酒品种信息表

类型与代表品种	特征	色泽/香气
类型 1 → **清爽新鲜型** [长相思]	水灵灵的酸味，爽快而又刺激。饮用时会让人心情清爽又放松。	色▶多为黄中略带绿色。 香▶香味让人想起青草或是药草。或是青柠、柠檬等柑橘类亦或是葡萄类水果。
类型 2 → **优美水嫩型** [雷司令]	香气细腻而有品位，十分优雅。水嫩得透明一般的酸味让人愉悦。有各种含糖量的产品。	色▶色调较淡，多为耀眼的柠檬黄。 香▶香味高雅如白花，如苹果或桃子。有时也发出蜂蜜或是略有石油气味的香气。
类型 3 → **平衡香醇型** [霞多丽]	产地不同给人的感觉也不同，水果的香味配上醇厚的口感。有的酒还带有坚果和香草的味道。	色▶带绿色的黄色到金黄色。 香▶寒冷的产地会散发柑橘香味，温暖的产地则是热带水果。也有蜂蜜、香草和坚果味的。
类型 4 → **口味独特型** [维欧尼]	压倒性地以独特口味取胜。杏仁或是香梨一般的香味让人印象深刻。口感较厚较干。	色▶颜色较深的黄色到金色。 香▶让人想起黄花或果实：杏仁、香梨、桃子……也有青柠的酸味。

先大致按味道试着分为四大类吧！

代表酒种	适合搭配的料理	代表产地和其他品种
兰德州/长相思葡萄酒（Staete Landt / Sauvignon Blanc） →P166	使用了香草或奶酪的色拉、熏鲑鱼肉、白色鱼肉的生鱼片（日式果醋）以及白汁红肉。也可以搭配淋了柠檬汁的烤鸡肉、烤猪肉。	法国的卢瓦尔河上流地区、新西兰的莫尔伯勒地区等。清爽系的其他葡萄品种还有甲州、绿维特利纳等。
普伦兹/雷司令/干白葡萄酒 Trocken / Prinz Riesling →P163	口味较重的可以搭配天妇罗或寿司以及清淡的海鲜等日本食品。口味中等的推荐搭配虾蟹、法式菜肉浓汤或香肠类。与使用了辛香料的民族风料理也很搭。	法国的阿尔萨斯地区，德国的摩泽尔、莱茵高地区，澳大利亚的嘉拉谷等。
卡莱拉中央海岸/霞多丽葡萄酒（Carela / Chardonnay Central Coast） →P157	如果酒是偏酸味的可以搭配生蚝或是日式食品。如果酒是醇厚型的就搭配虾蟹蘸美式虾酱，以及使用了奶油的鸡肉、猪肉料理。	法国的夏布利地区、勃艮第地区，加利福尼亚，澳大利亚，新西兰等新大陆都有栽种，产地不同而表现出风格各异的口感。
圣克斯米酒庄/小詹姆斯压榨酒（Saint Cosme / Little James Basket Press） →P147	搭配范围很广，从虾蟹等甲壳类动物，中餐或偏辣的亚洲料理，到烤猪肉，使用柑橘类、奶酪的色拉皆可。	法国罗讷省的孔德理欧，加利福尼亚的帕索罗夫莱斯，智利等地。该系葡萄还有格乌兹莱尼、麝香葡萄等。

红葡萄酒

类型与代表品种	特征	色泽/香气
类型 1 ➡ **醇香有力型** [赤霞珠]	涩味厚实并含有成熟果实的甜味和让人愉快的酸味。陈酒最佳。	色▶浓郁的紫红色。成熟后会混入橙色。 香▶黑加仑或黑莓等黑色果实的香味。也有黑巧克力或辣椒的气味。
类型 2 ➡ **亲和柔滑型** [梅洛]	近似于赤霞珠，但其充实柔和的口感，让人亲近的果味，都更甚于赤霞珠。	色▶浓郁的紫红色。较为鲜艳，与赤霞珠类似。 香▶主要是李子或黑莓等蓝黑色果实般的香气。给人以甘甜柔软的感觉，也会带有香草和可可的味道。
类型 3 ➡ **华丽香气魅惑酸味型** [黑品乐]	丰富的芳香让人想起红色的果实，并带有好喝的酸味。细腻而魅惑，涩味较平和。	色▶透明新鲜的红宝石色。 香▶覆盆子、红加仑或是樱桃等红色果实的气味。或像是堇菜。果实成熟后还会有潮湿土壤或蘑菇的味道。
类型 4 ➡ **明快酸味型** [歌海纳]	常与其他多种葡萄混合使用。其自身口感略干，果实呈紫色，味道让人联想起干药草。	色▶些许偏紫的红色。色调较浓。 香▶让人想起带甜味的干燥紫色果实。如李子、梅子、葡萄干等。或者是百里香、迷迭香一类的香草。

代表酒种	适合搭配的料理	代表产地和其他品种
华诗歌特供葡萄酒（Los Vascos / Grande Reserve）→P158	适合含脂肪较厚的肉料理，如牛排、烤鸭、小羊排等。也适合使用黑松露等调味酱的料理。	法国的波尔多地区（左岸），加利福尼亚的纳帕谷，智利的迈波山谷等。在波尔多它常与梅洛、品丽珠混合。
国会山/梅洛葡萄酒（Washington Hills / Merlot）→P157	适合优质的日本和牛或小牛，以及其他含脂肪较少的肉类，如煮牛腿肉、牛排、烤牛肉等。和红酒煮鳗鱼或是麻婆豆腐组合也别有风味。	法国的波尔多地区（右岸），意大利的托斯卡纳州，弗留利—威尼斯—茱莉亚州，日本的长野县盐尻市等。
俏石酒庄/丘比特之箭黑品乐葡萄酒（Wild Rock / Cupids Arrow Pinot Noir）→P167	适合油封鸭或是鸡肉猪肉的料理，还可以配合覆盆子酱。鸭肉或是烤鸡肉也可以。烤金枪鱼等红色肉系的鱼肉，还有秋刀鱼配红葡萄醋。	法国的勃艮第地区，美国的俄勒冈州，新西兰的马丁堡和中奥塔哥，德国的巴登地区等。
古贝尔酒庄/罗讷红葡萄酒（Domaine Les Goubert / Cotes Du Rhone）→P142	使用香草的烤乳羊，使用番茄干的意面，煮番茄都可以配。法式豆焖肉，西班牙大锅饭等南欧风情的料理也都合适。	法国的罗讷省南部地区（整个法国南部），西班牙全境，南澳大利亚。明快型的葡萄经常混合使用，其他品种还有添帕尼优等。

29

葡萄酒的产区

....

即使是同样品种的葡萄，产地不同也会有不同的特点

之前我们说葡萄品种是葡萄酒味道的决定性因素，但是和其他农作物一样，也有一些其他要注意的地方，那就是产地和生产者。

日本的大米或是其他水果，产地或是生产者不一样味道就会有所不同，或者使用同样的食材，烹调的人不同做出来的菜也会不一样。这个道理在葡萄酒上也是适用的。葡萄酒能有效地反映出葡萄品种的个性，它将产地、酿造的细小差别都清晰地反映了出来。

寒冷的地区和温暖的地区所产的葡萄在香味给人的感觉，以及果汁浓缩程度所影响的口感的深度上都会有差别，请您一定要亲自品尝一下。

要注意一下区别！

○产地条件
葡萄包含着生长的土壤，气候等产地的自然环境的信息。而这也会反映在红酒的个性中。

○收获年
收获年就是指葡萄被收割的年份。气温和降水量的不同，使得每年的葡萄都有一些差异。

○生产者
生产者既是葡萄的种植者也是葡萄酒的酿造者。生产者的个性会融入酒中自然是不必说的。

品尝同一品种的葡萄酒

霞 多 丽

根据产地气候从凉爽到温暖，果实的风味也会在柑橘系与热带水果系之间变化。

产地不同	产地不同	酿造方法不同
加利福尼亚中央海岸	**澳大利亚·玛格丽特里弗**	**发泡葡萄酒**

代表酒种	代表酒种	代表酒种
卡莱拉中央海岸/霞多丽葡萄酒（Carela / Chardonnay Central Coast）→P157	伏亚格庄园/霞多丽白葡萄酒（Voyager Estate / Chardonnay）→P160	卢比肯酒庄/索菲亚·柯波拉葡萄酒（Rubicon Estate / Sophia Coppola）→P155

关注点	关注点	关注点
成熟的南国风情	**高贵的风格**	**轻盈而新鲜**
多丽在沐浴过加利福尼亚的阳光之后，会充满杏仁或菠萝一样的香气，让人联想到成熟的水果。略微混合着一些香草味，喝起来十分舒适。	果味中带有明显的酸味，从酒桶中倒出来的柔滑感和果仁味出奇地高贵典雅。这是让葡萄充分成熟的同时还带有凉爽口感的玛格丽特里弗独有的高贵风格。	霞多丽也经常被用于发泡葡萄酒。优质的发泡酒能够将霞多丽酸味的美丽动人、轻盈优雅表现得淋漓尽致。此外还有不可逃脱的新鲜感，让人回味无穷。

31

品尝同一品种的葡萄酒

长 相 思

长相思的特征是清爽的柑橘和青草味，而产地不同其风格又会有细微的差别，不同的酿造手法也很有意思。

产地不同	产地不同	混合的不同
新西兰·马丁堡地区	**法国·波尔多地区**	**法国·朗格多克地区**

代表酒种

马丁堡葡萄园/长相思葡萄酒(Martinborouh Vineyard / Te Tera Sauvignon Blanc) → P166

代表酒种

梅丽客酒庄(Chateau Meric) →P147

代表酒种

野餐葡萄酒(Bioghetto. com / RN13 Vin de Pique–Nique) →P147

关注点

干脆而爽快

清爽的水果香和嫩草香，还有干脆的酸味是新西兰的长相思的特点。马丁堡产的长相思比起来略沉静一些，但澄澈的口感依然保留着该国风味。

关注点

较厚实的口感

波尔多的特点就是经常与沙美龙混搭。由此口感变得充实，水果味与嫩嫩的香草味达成平衡，喝起来非常爽口。

关注点

欢快而轻盈

这种混搭十分独特，很好地表现出成熟后的长相思的轻快口感。与白诗南、维欧尼、霞多丽等混合，充满水果香气，是十分愉快的酿造。

品尝同一品种的葡萄酒

黑 品 乐

曾被认为在勃艮第地区以外很难栽种，但现在世界各地都有了它的身影。
让我们来比较下它们的不同吧。

生产国不同

法国·勃艮第地区

代表酒种

拉格酒庄/芝莱葡萄酒
（Domaine Ragot / Givry）
→P142

关注点

原汁原味的高贵

红莓的香气、美丽的酸味、细腻的单宁……每项都不突出，但带给整体一种细腻的平衡，这就是勃艮第的黑品乐。芝莱的酒果味更浓，喝起来更有风味。

生产国不同

新西兰·中奥塔哥

代表酒种

俏石酒庄/丘比特之箭黑品乐葡萄酒（Wild Rock / Cupids Arrow Pinot Noir） →P167

关注点

纯净的果味

新西兰品乐的特征就在于完美的果味与透明感能够共存。其中中奥塔哥的葡萄更是粒大味甜。纯净的果味和适度的回味都值得尝试。

生产国不同

美国·俄勒冈州

代表酒种

希杜里威廉姆特谷/黑品乐葡萄酒（Siduri / Pinot Noir Willamette Valley） →P156

关注点

温和而典雅

俄勒冈州威廉美特谷的高日照量和凉爽气候都很像勃艮第。该酒的魅力在于保留美妙酸味的同时，还有温和的口感。浓缩的风味的复杂程度也很引人关注。

33

品尝同一品种的葡萄酒

赤 霞 珠

果实成熟的程度和果酸残留量，酒桶的使用方法，混搭……产地、生产者不同，有着各种各样的特色。

产地不同	产地不同	生产国不同
法国·波尔多地区	**美国·加利福尼亚**	**智利·科查瓜山谷**

代表酒种	代表酒种	代表酒种
老爷车城堡葡萄酒（Chateau Patache d'Aux）→P148	鹰冠/赤霞珠葡萄酒（Hawk Crest / Cabernet Sauvignon）→P156	嘉斯山酒业/特供葡萄酒(MontGras / Quatro Reserva)→P159

关注点	关注点	关注点
波尔多式混搭	**充满了阳光**	**智利的高雅**
在波尔多，赤霞珠常与梅洛、品丽珠等混合，来表现Chateau酒的独特味道。黑加仑香味和果实感，丰富的单宁等让你从整体的平衡中感受高贵气质。	加利福尼亚纳帕谷的赤霞珠常被称赞"既保留了一定的酸度又让果实熟透到了种子里"。将只栽种这一个品种的那种对葡萄酒的激情通过美酒传达了过来。	现在智利的赤霞珠不只是果汁的浓缩，其高雅程度也让人惊艳。更有梅洛、佳美娜、马尔贝克混合的智利独有配方，奏出了一曲优质葡萄的交响乐。

第二章

探索葡萄酒的秘密

Let's study the secret of good taste of wine!

美味的葡萄酒是如何酿制的？
了解了这些秘密，享用葡萄酒时，想必会更有趣味。

美味的葡萄酒是如何酿造出来的呢？

一瞬间让你感动的美酒！其中蕴含了怎样的奥秘呢？
了解了它们，享用葡萄酒时就会更有乐趣。

原料只有葡萄！而其中就有葡萄酒的秘密

葡萄酒产自葡萄——听上去像是废话，但葡萄酒与原料葡萄关系的密切程度，却或许是造就美酒的最关键因素。

从某种程度上讲，葡萄酒的酿造过程十分简单，简明扼要地概括起来，就是将葡萄放入清洁的容器中，将葡萄捣碎然后放在那儿，等待它自己变成葡萄酒。这是因为酒精发酵所需的糖分和水分都由葡萄自身携带着的缘故。因此，葡萄酒中就会反映出作为原料的葡萄的种种特征。

所以，为了酿造优质的葡萄酒，首先就要得到优质的葡萄。而这些田间的工作就成了最为重要的事。

那么，作为农作物，葡萄的品质会受哪些因素影响呢？那就是土壤、水和日照。特别是葡萄成熟，逐渐贮藏养分的过程中，会带有鲜明的产地土壤的特征。例如当地的气温、日照、田地的土质和排水，或是当年的气候等。如何将葡萄摄取到的养分浓缩到果实中去是一门高深的学问……

于是葡萄酒中能品味到酿造过程中的天时、地利、人和，其中浓缩着大自然和人类施与的恩惠。这就是琼浆玉液般的葡萄酒。

葡萄酒中有着来自天地人的恩惠

葡萄张开叶子通过光合作用从自然界获取能量，向地下扎根从土壤里积蓄养分。更有人类为了保持葡萄的活性而时不时进行打理，从而使葡萄果实长得更饱满。像这样由天、地、人的精华聚合而成，就产生了葡萄酒！

美味葡萄酒的三个秘密！

美味葡萄酒的
秘密
1
好葡萄是必备条件

葡萄酒的原料就只有葡萄。于是葡萄酒品质的九成都是要看葡萄的质量。但是酿酒用的葡萄适合在哪儿生产呢？了解下有关葡萄的知识吧。
→前往第38页　葡萄入门小知识

美味葡萄酒的
秘密
2
葡萄田很重要

想要葡萄种得好，还要农活有一套。不只是农活，土壤本身也起着决定性作用，这就是为什么葡萄酒被称作是农作物。让我们去探访产出好葡萄的土壤和农活的条件。
→前往第54页　重要的是葡萄田和田间劳作！

美味葡萄酒的
秘密
3
酿造方法很关键

从葡萄到葡萄酒，如何处理收获的葡萄，将其中的精华变成酒呢？这一切也是十分关键的。让我们来学习一下基本的葡萄酒制作方法和要点吧。
→前往第60页　就这样，葡萄就变成酒了！

好葡萄是必备条件

了解葡萄知识，更有乐趣地享受葡萄酒

葡萄酒与葡萄知识问与答

你知道葡萄酒与葡萄的关系吗？

问 葡萄酒用的葡萄和食用葡萄是不一样的吗？

答 酒用葡萄的特征基本上是粒小皮厚，糖度和酸味都很浓缩，与食用的葡萄的多汁、粒大以及果实较为分离形成鲜明对照。从品种上来说，酒用葡萄多为欧系，食用葡萄多为美系，是分属不同品种的。

→第40页

问 红葡萄酒和白葡萄酒用的葡萄是一种吗？

答 一般来说，红葡萄酒用的葡萄是果皮呈蓝黑色的"红葡萄"，白葡萄酒则用的是果皮黄绿色的"白葡萄"。白葡萄酒是将最初榨过的葡萄去除果皮和种子对果汁进行发酵。而红葡萄酒的色素和涩味则是果皮种子也一起发酵酿成的。

→第62页

问 什么样的地方适合培育葡萄？

答 葡萄树的生长、结果、果实成熟需要年平均气温在10~16℃，光照时间在繁殖期最少要1300~1500小时。此外，还有一些其他使酒用葡萄更加成熟、味道更加浓缩的条件，如排水良好、较为干燥、不十分肥沃的土地。

→第42页

问 有哪些代表性的酒用葡萄品种？

答 我们来了解一些在世界各地被广泛种植的法系葡萄的国际品种吧。白葡萄酒的代表品种有：霞多丽、长相思和雷司令。红葡萄酒的代表品种有：赤霞珠、梅洛、黑品乐和西拉子。

→第44页

问 老葡萄树好还是小葡萄树好？

答 一般来说，葡萄树多年以后产量会有所下降，但葡萄的味道却会变得深邃复杂。有些生产者会把那些小树结出来的葡萄做成的葡萄酒作为酒厂的第二品牌，而非第一品牌使用。

→第105页

葡萄酒与葡萄学

酿酒用的酒用葡萄和食用葡萄的种类是不一样的

酒用葡萄的颗粒小，糖分和酸味更浓缩

我们经常能看到的巨峰葡萄和特拉华葡萄等，是用来食用或者是用来制成果汁的葡萄，与酒用葡萄的品种是不同的。

现在，世界上的各种葡萄里，即使是同样属于葡萄属（Vitis），也分为欧洲的葡萄品种Vitis vinifera和美洲的葡萄品种Vitis labrusca两大类。而葡萄酒所用的葡萄绝大多数都属于前者，即Vitis vinifera。

那么，葡萄酒用的葡萄有什么特征呢？首先是粒小皮厚，其次是糖分和酸味更浓缩。这是因为果皮和果肉之间的部分浓缩了最多的糖分，而葡萄酒就是从这里抽取了形成其风味的部分。

与之相反，食用葡萄则有粒大，酸味较淡，果实较为分离，容易食用等特征。

美洲葡萄
Vitis labrusca

◆巨峰葡萄
◆特拉华葡萄
◆坎贝尔葡萄
◆比欧内葡萄
等等

食用

主要用于食用和制作果汁。包含汁液，果实，种子较为分散从而容易食用。但是也有若干种葡萄酒使用美洲葡萄作为原料。

葡萄的构造（截面图）和葡萄酒

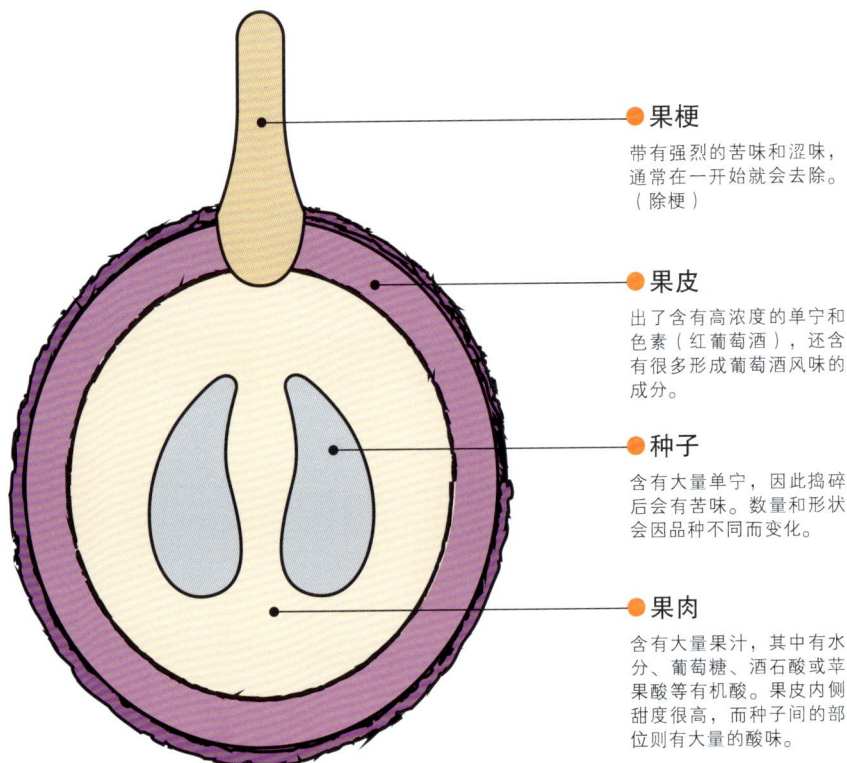

● **果梗**

带有强烈的苦味和涩味，通常在一开始就会去除。（除梗）

● **果皮**

出了含有高浓度的单宁和色素（红葡萄酒），还含有很多形成葡萄酒风味的成分。

● **种子**

含有大量单宁，因此捣碎后会有苦味。数量和形状会因品种不同而变化。

● **果肉**

含有大量果汁，其中有水分、葡萄糖、酒石酸或苹果酸等有机酸。果皮内侧甜度很高，而种子间的部位则有大量的酸味。

酒用葡萄的特征是粒小皮厚、味道浓厚，含有许多形成酒的风味的成分。

酒用 欧洲葡萄
Vitis Vinifera

特征为颗粒较小，果皮较厚。味道更浓，糖度更高，酸味也很明显。果皮和果肉之间的部分有大量形成葡萄酒风味的成分。

◆赤霞珠
◆黑品乐
◆霞多丽
◆雷司令
等等

葡萄酒与植物学

葡萄酒产地都位于平均气温在10～20℃的地区

当然不只是气温，日照、水分和土壤也很重要

葡萄酒的产地当然也必须是适宜葡萄生长的地方。

具体来说，就是年平均气温须在10～20℃（酒用葡萄最适宜的是10～16℃）之间的地区。在世界地图上画等温线的话，就正好是南北半球的两条带状区域，其中就有不少世界级的葡萄酒产地。

生长条件自然不只是气温，日照、水分、土壤的环境也很重要。首先，果实能充分成熟需要一定的日照量。至于水分，酿酒用的葡萄更适宜栽种在略微干燥、土壤不太肥沃的土地上。这样葡萄才能向地底深处扎根，汲取更多的养分。而为了提升葡萄口味的浓缩度，也有必要将果实中的水分降到最低。

特别提示

气温与合适品种的关系

并不是适宜栽种葡萄的地区都适合任意品种的葡萄。有的葡萄适合生长在寒冷的地区，而有的适合生长在干燥炎热的地区。以北半球为例，合适品种的数量由南向北递减，北纬45°以南则会一下子增加。与之相对的南半球，则是越往北越有在酿造过程中使用单一品种的葡萄的倾向。这样观察产地与葡萄酒所用的葡萄的关系也十分有趣。

世界上的葡萄产地和主要葡萄酒产地

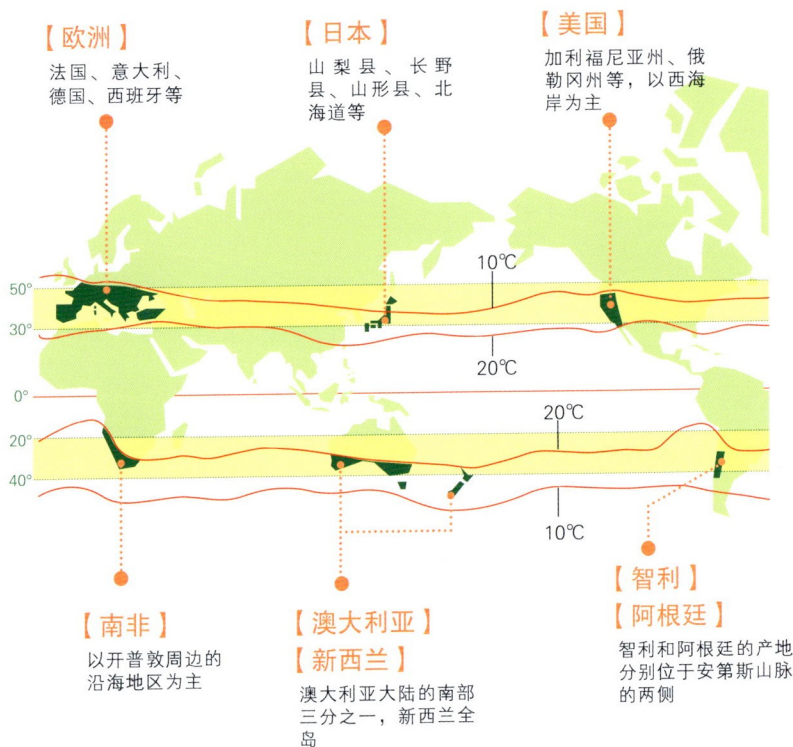

【欧洲】
法国、意大利、德国、西班牙等

【日本】
山梨县、长野县、山形县、北海道等

【美国】
加利福尼亚州、俄勒冈州等，以西海岸为主

10℃

50°
30°

20℃

0°

20℃

20°
40°

20℃

10℃

【南非】
以开普敦周边的沿海地区为主

【澳大利亚】
【新西兰】
澳大利亚大陆的南部三分之一，新西兰全岛

【智利】
【阿根廷】
智利和阿根廷的产地分别位于安第斯山脉的两侧

适宜酒用葡萄栽培的环境条件

温　　　度	年平均气温在 10 ~ 20℃ ，最好昼夜有一定温差
日　照　量	繁殖期间(开花至收获约100天)最少1300 ~ 1500小时
降　水　量	年降水量 500 ~ 900mm　（ 日本的年降水量为1500mm ）
土　　　壤	排水良好、不太肥沃的土地

酒用葡萄代表品种

了解口味的来源

葡萄的品种是决定葡萄酒味道的因素中最基本的一项。不同的葡萄带有不同的风味，给酒带来充满个性的颜色、香气和味道。了解了这些个性，既能更加感受到葡萄酒的乐趣，也更容易找到自己喜爱的那一款酒。

白葡萄酒用的葡萄

原则上使用的是果皮呈黄绿色的白葡萄。也有果皮呈粉红色的品种。

代表品种

- 霞多丽
- 长相思
- 雷司令
- 白诗南 等

红葡萄酒用的葡萄

原则上使用的是果皮呈蓝黑色的红葡萄。红葡萄酒的色素便是从果皮中提取的。

代表品种

- 赤霞珠
- 黑品乐
- 西拉子
- 桑娇维塞 等

赤霞珠

Cabernet Sauvignon

黑加仑的香气和心旷神怡的涩味
全世界广泛种植的人气品种

在法国波尔多地区创造了无数名酒。这里有世界级的红葡萄酒用葡萄，它们有浓厚的紫红色，黑加仑或黑莓一般的香气，还有明显的涩味，当然也有上档次的酸味。这一切的结晶就是高档的陈酒。赤霞珠是偏爱干燥的土壤和同样干燥的温暖气候的晚熟品种。在波尔多常与梅洛、品丽珠等品种混搭。

【代表产地】

- 波尔多地区左岸
- 纳帕谷
- 迈波山谷

例 老爷车城堡葡萄酒（Chateau Patache d'Aux）

P148

注：澳大利亚　新西兰　智利　●日本　南非

黑品乐

Pinot Noir

香气浓郁，酸味可口，口感细腻魅惑的名品

以法国勃艮第地区为代表，与赤霞珠齐名的著名红葡萄品种。颜色明亮清澈，酸味可口，涩味稳重。覆盆子或红加仑般华丽的香味随着葡萄的成熟而更加复杂迷人。它偏爱凉爽的气候，栽种起来有一定难度。以单一品种酿造，并能细腻地反映产地的特色，也是它超高人气的来源。

【代表产地】

■ 勃艮第地区
■ 马丁堡
■ 俄勒冈州

例 拉格酒庄芝莱茉葡萄酒
（Domaine Ragot / Givry）

P142

梅洛

Merdot

饱满而富有果味
柔滑的口感充满魅力

原产自法国波尔多地区的红葡萄品种，波默罗、圣艾米丽翁地区更是将其作为当家品种。相对赤霞珠来说，梅洛的颗粒较大果皮也较薄，涩味更沉稳。果味浓郁让人想起梅子或蓝莓，饱满柔顺的口感更是一大特色。在世界上被广泛种植，日本的长野县盐尻市也成功栽种了该品种。

【代表产地】

■ 波尔多地区右岸
■ 弗留利－威尼斯－茉莉亚州
■ 华盛顿州

例 国会山梅洛葡萄酒
（Washington Hills / Merlot）

P157

注：■ 法国 ■ 意大利 ■ 德国 ■ 西班牙 ■ 奥地利 ■ 美国

🍷 **红葡萄酒**品种图鉴

西拉子

Syrah/Shiraz

浓密有力的酸味
产地造成的特色

原产法国北部的罗讷省，喜爱温暖而干燥的气候。酿出的酒颜色深，并有很浓的酸味。香味野性，让人想起黑色果实，涩味也很强力，适合长期储存。罗讷北部的西拉子酸味丰满而高雅。另一个代表产地是澳大利亚的"西拉子"，具有丰富的果味、饱满的感觉和柔和的酸味。

【代表产地】
- 🇫🇷 罗讷省北部
- 🇦🇺 芭萝莎河谷
- 🇺🇸 帕索罗夫莱斯

例 杜比亚酒庄米涅瓦传统葡萄酒（Château D'cupio / Minervois Tradition）

P145

桑娇维塞

Sangiovese

丰富的酸味富有活力
意大利的代表品种

在意大利种植量最大的葡萄。特别是以托斯卡纳州为中心的意大利中部更为普遍。酸味让人联想到李子和樱桃，充满活力的酸味和涩味交织在一起给人以柔软的口感。有多种因基因变异而造成的突变品种，比如基安蒂的桑娇维塞·皮克洛和蒙丝娜的桑娇维塞·格罗索。

【代表产地】
- 🇮🇹 托斯卡纳州
- 🇫🇷 科西嘉岛
- 🇺🇸 加利福尼亚的部分地区

例 吉士堡咏叹调桑娇维赛葡萄酒（Umani Ronchi Punto Esclamativo Sangiovese Marche）

P164

46

歌海纳

Grenache

明朗的酸味让人
想起南部产地

　　在南法和西班牙被广泛种植，喜爱温暖干燥的气候。在西班牙被称为 Garnacha。富有果味和略微干燥的口感类似李子和梅子，其甘味的感觉亦然。野生草本的香味也平添了一丝明快。罗讷省南部常与西拉子或慕尔韦度混搭，而在西班牙它的混搭搭档则常是添帕尼优。

【代表产地】

■ 包括南罗讷省的南法

■ 贝利奥拉特

■ 澳大利亚南部

例 古贝尔酒庄罗讷红葡萄酒（Domaine Les Goubert / Cotes Du Rhone）

P142

品丽珠

Cabernet Franc

在寒冷气候中也能茁壮成长
柔和高贵的葡萄

　　赤霞珠的原种，比赤霞珠略轻快，香气高贵口味柔和。风格类似赤霞珠但颜色略淡，涩味也不太厉害，还常伴有药草或青草的香味，是一种在寒冷气候中也生长良好的早熟品种。在波尔多地区与赤霞珠、梅洛相混合时属于配角，但在卢瓦尔地区就是绝对的主力。

【代表产地】

■ 波尔多
　 圣艾米丽翁地区

■ 卢瓦尔地区

例 罗赫酒庄品丽珠葡萄酒（Chateau de la Roche / Cuve Adrien）

P142

47

添帕尼优

Tempranillo

惊艳的酸味和浓厚的独特风味
代表西班牙的名葡萄

　　几乎种植于西班牙全境，质量十分上乘的红葡萄。虽然果实成熟很快，但依旧是色泽深邃，经得住储藏的好酒。让人想起樱桃或浆果一类的红色果实，极度细腻而浓郁的风味，华丽的酸味，还有烟草的味道。另外还会带有酒桶、椰子或可可的味道。在里奥哈常与歌海纳混搭。

【代表产地】

🇪🇸 里奥哈地区

🇪🇸 杜罗河谷

例｜酿酒厂艺术品第九号葡萄酒（Winery Arts NO.9）

P154

麝香·贝利A

Muscat Baily-A

独特的甘甜香味
日本独有的红酒葡萄

　　由被称为日本葡萄酒之父的川上善兵卫将美洲葡萄的贝利和欧洲葡萄的汉堡麝香杂交而成。其香味甘甜，如覆盆子或是浆果一类的红色果实或是果酱。独特的土壤味和酸味，以及温和的涩味都很有特色。口感柔和轻快，适合冷藏后饮用。

【代表产地】

● 新泻县上越市岩之原

● 日本的各著名葡萄酒产地

例｜竹田酿酒厂藏王星级红葡萄酒（Takeda Winery／藏王Star Wine 赤）

P170

霞多丽

Chardonnay

表情会随产地和酿造者变化
人气超高的白葡萄

　　原产自法国勃艮第地区，但其适应性强，从而成为了全世界都有栽种的代表品种。霞多丽没有明确的品种固有风味，产自寒冷产地则体现出柑橘味，温暖产地则会体现热带水果风味。口味结构细腻有档次，与酒桶香味搭配时会产生坚果和香草的味道。总之，产地、酿造者不同，会有不一样风味的葡萄品种。

【代表产地】

- 🇫🇷 勃艮第地区
- 🇺🇸 索诺玛县沿岸／加利福尼亚
- 🇦🇺 亚拉河谷

例 卡莱拉中央海岸霞多丽葡萄酒（Carela／Chardonnay Central Coast）

P157

长相思

Sauvignon Blanc

水嫩的酸味和青草的香气
让人喝起来心旷神怡

　　白葡萄的代表品种之一，口味清醇。著名的产地有法国的卢瓦尔河地区和新西兰等气候凉爽的地方。绿色让人想起青草，而香气则使人联想到柑橘，并有特色的清爽而含蓄的酸味。在较暖和的产地，成熟的长相思有葡萄柚和西番莲的味道。在波尔多地区常与沙美龙混搭。

【代表产地】

- 🇫🇷 卢瓦尔河上游
- 🇳🇿 莫尔伯勒
- 🇫🇷 波尔多地区

例 兰德州长相思葡萄酒（Staete Landt／Sauvignon Blanc）

P166

49

雷司令

Riesling

细腻的香味和水嫩的酸味
富有透明感的高贵品种

在德国是最重要的一种葡萄，品质上能与霞多丽比肩。散发出白色花朵或蜂蜜的细腻高贵的香气，另外，口感上多汁的酸味也很棒。成熟后会有一定的石油香味。葡萄的味道会表现出产地的气候和土壤的矿物成分，从刺激到平和有各式各样的品种。而要产生优良的酸味就还需要凉爽的气候。

【代表产地】
- 摩泽尔、莱茵高地区
- 阿尔萨斯地区
- 嘉拉谷

例 卢森博士 卢森雷司令 Qba级白葡萄酒（Dr. Loosen / Villa Loosen Riesling Qba）

P163

白诗南

Chenin Blanc

独特的蜂蜜香味和丰富的酸味
从干葡萄酒到贵腐酒都有

主要产地自爱法国卢瓦尔河的中流，从干白、较干、普通白葡萄酒到高甜，以及发泡酒都可以用它酿造。甘甜的香气好像潮湿的稻草或是蜂蜜，并含有丰富的酸味，品质优良的产品也适合长期贮藏。而由白诗南酿成的伴有酸味的贵腐酒也十分有名。在加利福尼亚或南非常被做成日常葡萄酒。

【代表产地】
- 卢瓦尔河中游
- 南非
- 中央谷·加利福尼亚

例 罗什堡海纳干白葡萄酒（Chateau de la Roche / Touraine Azay-le-Rideau Blanc）

维欧尼

Viognier

杏仁、桃子、黄色花朵
以压倒性的特色风味取胜

　　适合干燥温暖的气候，如法国的罗讷省北部、孔德里欧和葛利叶堡等，都是十分著名的维欧尼产地。香气具有无可比拟的风味，混合着杏仁、桃子、黄色花朵或热带水果等多种味道。酸味稳重，酿成的酒属于平缓有内涵的干白。有时酒桶也会为酒加上一点酸度。推荐年轻人饮用。

【代表产地】

■ 罗讷地区的孔德里欧

■ 加利福尼亚的帕索罗夫莱斯

例 圣克斯米酒庄小詹姆斯压榨酒（Saint Cosme / Little James Basket Press）

P147

白品乐

Pinot Blanc

轻快而富有生机
酿造出干白或发泡酒

　　本是黑品乐的变异品种，在意大利被叫做Pinot Blanco，在德国、澳大利亚则被称为Weissburgunder。香味稳重，成熟速度很快但并不缺乏内涵，味道具有直率的果味，是一种富有生机的干白葡萄酒。白品乐酿出的酒大多都属于较为轻快的品种，但奥地利的白品乐也会被酿成浓郁香甜的贵腐酒。而阿尔萨斯或意大利甚至将其酿成发泡酒。

【代表产地】

■ 弗留利 – 威尼斯 – 茱莉亚州

■ 瓦豪地区

例 阿尔博波克斯雷白品乐葡萄酒（Albert Boxler / Pinot Blanc）

P151

麝香葡萄

Muscat

水嫩爽快的口感
率真可口的甜味

　　所谓麝香葡萄有许多亚种。在意大利语里称为Moscato，德语里称为Muscat。带有颇具葡萄风味的麝香香味和白花般的香气，还有水嫩的甘甜口感。蜜瓜、白桃，或是像蜂蜜一样的甘甜香味和华丽亲切的口感很有人气。在阿尔萨斯也有用麝香葡萄酿制的干白葡萄酒。

【代表产地】

■ 皮得蒙特州阿斯蒂地区

■ 阿尔萨斯地区

例 卡斯蒂略马蒂耶拉高级白葡萄酒（Castillo Maetierra / Grand Libalis Blanco）

P153

甲州

Kosyu

柑橘系的水嫩和透明感
日本独有的欧洲葡萄品种

　　日本独有的酒用欧洲葡萄。粉红色的果皮，果实颗粒饱满。甲州葡萄历来都被认为酸味和果味都不突出，口味不够浓缩，但随着近年来种植和酿造技术的进步，其品质也迅速提升。澄净的透明感中包含的香气仿佛药草或是葡萄柚等柑橘类果实，爽口的酸味搭配适中的苦味。口感细腻，很适合搭配日式食品。

【代表产地】

● 山梨县甲州市胜沼

例 鲁拜甲州苏黎干白葡萄酒（Rubaiyat 甲州 Sur Lie）

P169

其他葡萄品种

白葡萄酒

沙美龙
Semillon

波尔多地区苏玳产的沙美龙贵腐酒是贵腐酒的最高峰。内涵无比丰富,贮藏的时间越长越有味道。沙美龙的干白则是以澳大利亚产的闻名。

格乌兹莱尼
Gewürztraminer

其特征是如蔷薇或荔枝般华丽的香味。酒精和口味较重,含糖量低,酸味也很含蓄。阿尔萨斯也产格乌兹莱尼的高糖度酒。

慕斯卡德
Muscadet

种植于法国卢瓦尔河入海口处。有着柠檬一般的柑橘系香气和清爽的酸味。与牡蛎、鲜鱼等搭配十分美味。

阿尔巴利诺
Albariño

西班牙下海湾地区及与之相邻的葡萄牙北部的代表品种。具有柑橘或杏仁般的清新果味和酸味,清凉感觉都是其富有魅力之处。

绿维特利纳
Grüner Veltliner

带有轻盈的酸味和隐约的苦味,优质的果味和怡人的矿物质口感。绿维特利纳是奥地利的著名品种,有着爽快的口感。

红葡萄酒

纳比奥罗
Nebbiolo

意大利北部的巴罗洛酒和巴巴瑞斯可酒皆产自此种葡萄。色泽较深,颜色类似蔷薇或董菜、松露,复杂而有魅力。

佳美
Gamay

香味让人想起樱桃,而果味更是轻快有特色。几乎吃不出涩味。产自此种葡萄的名酒有博若莱红酒。

仙粉黛
Zinfandel

香味让人感到成熟,有如樱桃一般香甜的感觉,果肉很多,有些酸味。酒精度很高。几乎是美国独有的葡萄品种,味道很是让人感觉亲切。

马尔贝克
Malbec

阿根廷的代表品种。色调是紫黑色,甜味和涩味混合在一起,仿佛黑加仑或蓝莓连皮带肉一同捣碎的感觉。口味十分浓缩。

慕尔韦度
Mourvédr

大量种植在西班牙和法国南部,西班牙名为Monastrell。果实香气如同黑莓,能够酿出让人感觉如同动物一般的强力葡萄酒。

🍇 葡萄田很重要

重要的是葡萄田和田间劳作!

有机会的话,请务必亲自去看一眼葡萄田。您对葡萄酒的爱想必会变得更加深沉。

葡萄的一年(北半球)

田间的种种工程孕育出美味的葡萄

落叶

葡萄树的叶子变成黄色或金色,最终落下。

➡生长

休眠期 11月~翌年2月	前一年的收获完成后,葡萄树开始落叶,直到开春都会以枯树的形式来保持休眠。在冬天会进行修剪作业为第二年春天做准备。

➡作业

※时间仅供参考

●冬季修剪

剪去不必要的枝叶,选择留到新一季的树枝和嫩芽。这项工程关系到芽数和之后的处理,以及整年的收获量和葡萄质量。

●固土

为了预防严寒季节的霜冻,向葡萄树根的部位堆积更多的土壤。

溢出树液

气温超过10℃时，葡萄树就会开始有动静了，树液会上涌并从修剪的口子滴落。

展叶

从嫩芽中生出树叶，并逐渐扩展成新的树梢。葡萄只会在新的树梢处结果。

萌芽（发芽）

在前一年的树枝中，经过修剪留下来的那一部分，会长出被绒毛包裹的嫩芽。

萌芽~展叶
3月~5月

随着气温上升葡萄树也开始活动，新芽绽放，并迅速成长为嫩叶和新的树梢。

●施肥

给葡萄树施以帮助生长的肥料。

●松土

将固土过程中转移的土壤回归到田间，并通过耕田向土中输送更多氧气。

●除草

除去生长茂盛的杂草。

●排列新枝

为了不让新枝之间互相干扰，最大程度地吸收太阳能，工作人员会用将它们排列在最佳位置上并绑上绳子固定（还会去除多余的树枝）。

55

开花

在北半球，葡萄会在 5～6 月份开花。葡萄花没有花瓣，是只有雌蕊和雄蕊的白色花朵。从开花到收获，约需100天。

结果

葡萄花迅速受粉，在雄蕊的根部开始出现绿色坚硬的果实。

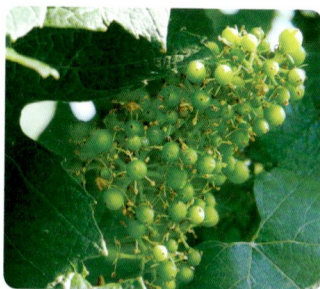

➡生长

| 开花 ~ 结果
6月 | 新树梢根部附近会长出两个左右的花苞，温度到了20℃就会开花。花朵受粉后会长出坚硬小巧的果实。 |

➡作业
※时间仅供参考

●防治病虫害

葡萄树非常怕霉菌的病害，而害虫也会对其造成影响。最近的防治办法从以前的喷洒农药逐渐转为更为天然的方法。

◀┈┈┈┈ 夏季修剪

这个时期的修剪是为了使养分能够汇聚到果实中。这一作业会适当去除一些多余的果子和树梢，并剪去碍事的叶子。

●摘芯

除去多余的树梢，如过分伸展的树枝尖端，以保持树的形状。

成熟

显色后，葡萄逐渐成熟。糖度开始上升，同时酸度开始下降，另外青涩味逐渐消失，开始变得美味起来。

显色

坚硬而不透明的果实逐渐变得柔软，白葡萄会呈现黄绿色，红葡萄则开始呈现黑紫色。

显色 ~ 成熟
7月 ~ 10月

绿色果实逐渐长大，接受充分的日照后，就会在一个时期内突然变色（法语叫Veraison），从而开始成熟变得有味道来。

●收获

工作人员会通过糖度和酸度的平衡以及风味成分的成熟度判断收获的时机。成熟度可以靠观察和品尝来检测。还可以反复地进行果汁分析，来判断葡萄是否达到最佳状态。收获可谓是一年耕作的高潮。

●摘房

为了让葡萄口味更加浓缩，工作人员会亲手将多余的果实一个个摘除，调整果实的数量和形状。

●除叶

为使果子能晒到阳光，从而更好地显色和成熟，必须要去除多余的树叶。

57

葡萄田的选取

产地条件和葡萄田的条件也会影响葡萄酒的口味

关注农田的土壤、地势、气候等综合自然环境！

葡萄的生长会受到当地的气候、土壤，甚至是每块农田的日照、排水，以及农田斜面的朝向等因素的影响。因此，葡萄酒的味道也会随着每块土地的本身的环境，也就是产地的特征不同而产生细腻微妙的差异。这也是葡萄酒这一饮品的有趣之处。

那么，对于葡萄来说，什么样的环境是最适宜的，什么样的土地是好的呢？具体地来说，气温、降水量、日照时间、土壤的排水条件、斜面的角度和方向等都是关键。

最首要的就是气温和日照。两者都是葡萄成熟过程中必不可少的因素。气温会影响到葡萄的含糖量的上升状态和酸味的性质。而日照则是光合作用的能量来源，对于葡萄充分储存养分来说是必不可少的。

另外，葡萄的生长和光合作用还需要水分，但为了能产出味道更加浓缩的葡萄，需要将葡萄的水分控制在需要的程度。而这就与土壤和地势有关了。通常说来，葡萄生长所需要的土地是"面南斜面排水良好"的土地，因为这样能更有效地吸收太阳光，而排水效果也会更好。

何谓"Terroir"

是指每个葡萄酒产地不同的土地和气候条件。也就是田里的土壤、地势和气候。这些会造成葡萄酒的感觉和内涵的很大不同。

这是法国的罗讷省北部地区，葛利叶堡的土地。位于罗讷河畔的陡峭斜面上。

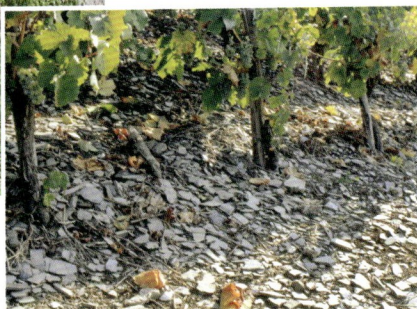

德国摩泽尔地区的板岩土壤。板岩质的岩石拥有良好的排水性能，给葡萄酒带来矿物质感。

适合葡萄田的气候条件

地势或土壤的条件

随着气候的不同对地势的要求也会有所变化。

◆良好的排水性能◆

适度营造出水分不足的情况会促进葡萄向地底更深处扎根，也会使果实更容易浓缩。一般来说葡萄需要排水良好的土壤。

◆斜面的角度和方位以及海拔◆

地面的角度与阳光的角度越接近直角，葡萄吸收太阳光的效率就越高。而方向则会影响每天的日照时间（最好是朝南）。而即便是相同的土地，海拔也会对气温有所影响。

◆地质◆

土地的性质，包括是石灰岩地还是火山岩地，沙地还是黏土地，土地的酸碱性等，不同品种的葡萄适合不同的土壤。

气候条件

是干燥还是湿润，风的情况也十分重要。

◆气温，昼夜温差◆

产地气候越温暖越能产出成熟、甜度高的葡萄。相反，寒冷的土地则会产出酸度高、口感犀利的葡萄酒。为使葡萄味道浓缩，也需要昼夜有较大的温差。

◆日照时间◆

日照是光合作用必不可少的因素。在北部产区如何保障日照往往是一大课题。

◆降水量◆

最好只供给葡萄勉强能够生长的水分。降水过多的话，葡萄粒会过大，从而成分稀释而缺乏浓缩的口感。

酿造方法很关键

就这样，葡萄变成了酒！

葡萄是一种易坏的新鲜果实，收获完毕后，需要迅速而小心地处理，使其变为美妙的葡萄酒。

酿酒的基础知识

小心翼翼地处理方能开发出葡萄的美妙

葡萄酒的酿造流程较为简单，大致就是把收获得来的葡萄榨成葡萄汁，再将其发酵就可以了。但是，如何处理易坏的新鲜水果，继而如何开发出其中的美味就是难点了。其中，要注意的地方有好几处，酿造过程中的每一道工序都必须小心谨慎。现在，我们先来了解一下葡萄酒酿造过程中的基础知识吧。

酒精发酵的过程

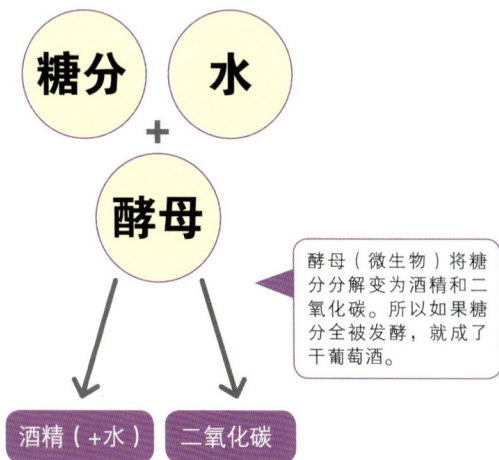

糖分　　水

＋

酵母

酵母（微生物）将糖分分解变为酒精和二氧化碳。所以如果糖分全被发酵，就成了干葡萄酒。

酒精（+水）　　二氧化碳

关注点！

葡萄酒的种类和酿造方法的要点

白葡萄酒

使用白葡萄

白葡萄在发酵前会经过压榨，只留下葡萄汁进行发酵。虽然每种葡萄酒都有所不同，但为了保证果味和新鲜口感，大多采用不锈钢发酵罐。

红葡萄酒

使用红葡萄

红葡萄酒的色素和涩味，都取自红葡萄的果皮和种子。因此，发酵过程中多了一项将果皮与种子浸渍的工序。如何提取这些成分也非常重要。

发泡葡萄酒

既使用红葡萄也使用白葡萄

发泡酒有白色、红色、桃红色三种颜色，使用的葡萄种类也各有不同。使酒中产生气体的方式有多种，其中最著名的是香槟所使用的"瓶内二次发酵"法。（见第65页）

桃红葡萄酒

使用红葡萄

制法大致分为两类（见第64页），其中"放血"法的前半部分与红葡萄酒相同。在色素等成分被提取至一定程度时，取出正在发酵的果汁部分，从而只对果汁进行继续发酵。

61

葡萄酒酿造流程

如果能理解每项工序有怎样的意义
就能更加理解葡萄酒的味道

各项工序的要点

❶ 除梗·捣碎

除梗就是将葡萄与其果梗（从树枝算起）分离。捣碎就是挤破果皮释放其中的汁液。采用除梗·捣碎机。

❷ 压榨

压榨葡萄，使其果汁与固体部分分离。其重点在于轻柔，使汁液中不会混入杂味，得到更纯净的果汁。

❸ 酒精发酵

白葡萄只发酵果汁，红葡萄则是与果皮和种子一起发酵。需要根据所要酿造的葡萄酒品种，调节发酵温度。

❹ 浸渍

红葡萄酒在酒精发酵过程中和发酵前后，将果皮和种子一同浸渍，从中提取红色素和涩味（单宁）。

❺ MLF（乳酸发酵）

这一过程将葡萄酒中含有的苹果酸和乳酸菌转化为乳酸。酸味变得圆润而复杂。主要是红葡萄酒需要进行这一步骤。

❻ 储存·沉淀

发酵完成后的葡萄酒会在酒桶中储藏一段时间。在桶底会出现沉淀物所以需要定期转移上层的清液。

❼ 过滤

去除漂浮在葡萄酒中的已死去的酵母。另外还要通过过滤网滤去包括微生物在内的固体，稳定葡萄酒的品质。

白葡萄酒和红葡萄酒的酿造流程

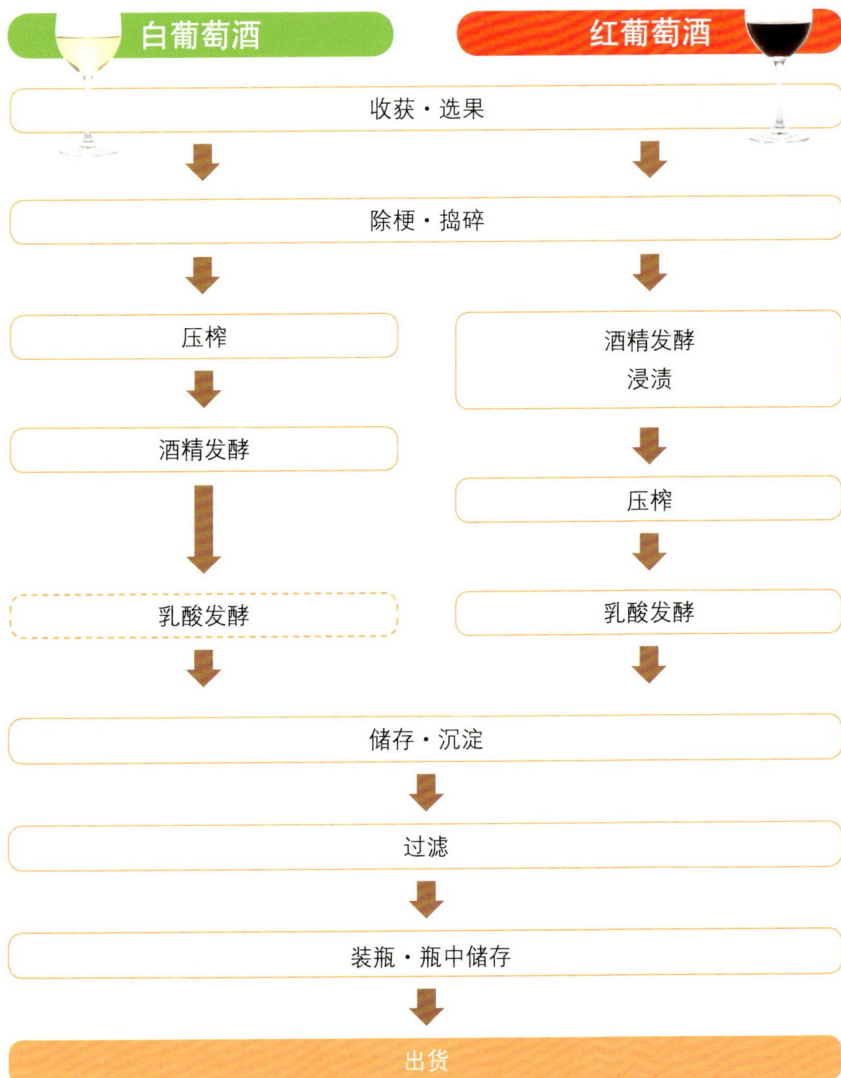

白葡萄酒	红葡萄酒
收获·选果	收获·选果
除梗·捣碎	除梗·捣碎
压榨	酒精发酵 浸渍
酒精发酵	压榨
乳酸发酵	乳酸发酵

储存·沉淀

过滤

装瓶·瓶中储存

出货

基本上红葡萄酒使用红葡萄，白葡萄酒使用白葡萄。

63

桃红葡萄酒的酿造流程

桃红葡萄酒的主要酿造方法有"放血法"和"直接压榨法"两种（也可两者混合）。无论哪种方法，都是以红葡萄为原料，不同的是前者是红葡萄酒式的制法，后者则是白葡萄酒式的制法。两种制法的色泽与味道都有独特之处。

接近于红葡萄酒！

放血法

像红葡萄酒那样，将红葡萄的果皮和种子一同浸渍发酵。

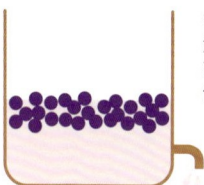

有一定的颜色后，将液体从发酵罐中分离，并继续发酵液体。

像红葡萄酒那样，将红葡萄的果皮和种子一同浸渍发酵。有一定的颜色后，将液体从发酵罐中分离，并继续发酵液体。这种制法比直接压榨法颜色要浓，味道也更接近于红葡萄酒。

接近于白葡萄酒！

直接压榨法

将经过除梗、捣碎的红葡萄放入榨汁机，榨取果汁。

将带有一点儿颜色的葡萄汁取出，进行发酵。

将红葡萄除梗、捣碎后进行压榨，并发酵略带果皮色素的果汁的一种做法。颜色较淡，并有一点儿果味。味道接近于白葡萄酒。

桃红葡萄酒的魅力➡颜色的魅力！

华丽而撩人心弦的颜色是只有桃红葡萄酒才有的魅力。单是视觉上就已经让人享受不已。虽说是粉色，但其颜色色调极广，能用语言来描述出来的就有如下多种：淡樱色、明亮的粉红、橙红色、鹧鸪眼睛的颜色、橙色、覆盆子色、洋葱薄皮的颜色、明亮的淡红色等等。

发泡葡萄酒的酿造流程

以香槟（瓶内二次发酵）为例

以欧盟的标准，含有三倍大气压以上的碳酸气体的葡萄酒属于发泡葡萄酒。其代表制法则是以香槟为代表的瓶内二次发酵法。虽然工序复杂而耗时，但那样才能产生细小的气泡和独有的口感。

1 第一次发酵
（酿造基酒）

首先发酵作为素材的无泡葡萄酒，即基酒。酿造方法与普通的葡萄酒相同，一般都会将不同品种，不同地区分开处理。

2 混合
（装配）

设计味道的基础

将不同品种不同地区的基酒平衡地混合，从中设计出独特的风味。这道工序叫做装配。

3 装瓶（加入利口酒）

将装配完成的葡萄酒装瓶，同时加入酵母与糖的混合溶液后密封。酵母会以添加的糖分为食，开始第二次发酵。

4 瓶内二次发酵 贮藏

气泡诞生同时产生复杂的香气和味道

由于葡萄酒被密封，发酵产生的气体无法逸散从而溶解于酒中。发酵后酵母死去成为沉淀物，而葡萄酒的香味和口感也上升一个新的台阶。

5 动瓶
（吐渣）

为了去除瓶内的沉淀物，每天旋转瓶身并使瓶倒立，让沉淀物集中至瓶口。

6 去除沉淀
（除酵母泥渣）

将瓶口至于-20～-25℃的氯化钙中，使沉淀物冻结。然后解封酒瓶，由于瓶内气压，冻结的沉淀物会自动飞出从而被去除。

口味甘甜取决于此

7 补酒

补充去除沉淀时损失的部分，添加以葡萄酒和糖分的利口酒（这一作业叫做dosage）。通过这时糖分的添加量来调整干甜。

8 上塞

用软木塞再次密封酒瓶就完成了！为了防止瓶栓飞出，会用绳索固定。

解决一些小疑问吧

甜葡萄酒是如何酿造的?

基本上葡萄汁中糖度较高,酒精发酵完成时酵母并未完全分解,而是残留了一部分糖分的葡萄酒,就是甜葡萄酒。

提高果汁的糖度、制造甜酒的方法有以下几种。此外还有中途停止发酵来保留糖分的办法。

各式各样的甜葡萄酒

● 贵腐酒
完全成熟的葡萄中加入贵腐菌进一步蒸发水分,使葡萄的甜度再上一层楼。

● 冰葡萄酒
压榨因寒潮而结冰,呈雪葩状的葡萄而成。这样得出的果汁糖度极高。

● 葡萄干酒
将葡萄晒干制成葡萄干后得到的甜度,浓缩度极高的葡萄酒。著名的葡萄干酒有意大利的Recioto古典丽巧多(甜红)葡萄酒等。

● 迟摘葡萄酒
通过推迟收获时间来提升葡萄的糖度。代表性的有德国的Spatlese迟摘葡萄酒和阿尔萨斯的Vendanges Tardives即VT(法语中的迟摘葡萄酒)等。

能否用红葡萄酿制出白葡萄酒?

压榨红葡萄得到的果汁也是白色的,所以也可以用红葡萄制造白葡萄酒。

例如香槟地区的Blanc de Noirs就是其中之一。它的意思就是"用红葡萄制成的白葡萄酒"。酿造过程中为使色素不被过量提取,而需要谨慎地压榨。

Blanc de Noirs
主要在香槟地区,使用黑品乐和皮诺梅尼尔等红葡萄为原料。另外仅使用白葡萄(霞多丽)为原料酿造的香槟叫做Blanc de Blanc。

探访新世界葡萄酒

Let's travel around wine all over the world!

葡萄酒遍布全世界，种类丰富而具有独特的魅力。
让我们出发环游世界，探访各色美酒吧！

葡萄酒的魅力是世界级的！

环游世界探访各式葡萄酒！

WORLDTRIP

世界各地都在生产葡萄酒，
种类繁多的葡萄酒更反映了各地的
土地、自然和文化。
因此，品味葡萄酒，
正像是在周游世界一样，
感受着各地的风、大地、阳光，
一边邂逅着各式各样的表情，
此乃葡萄酒一大乐趣。
抛开复杂的理论，
只要全身心去感受这一葡萄酒之旅就好。
邂逅的越多，
葡萄酒的乐趣也会越来越多。

全页/加利福尼亚州，加利洛的葡萄田。

❶ 新西兰。即将收获的西拉子。

❷ 德国摩泽尔地区，位于陡峭斜坡的葡萄田。

❸ 雪利酒产地，西班牙安达路西亚治区。石灰质的土壤让人印象深刻。

❹ 勃艮第—伯恩丘—莫索村的葡萄田。

第一站　法国

不同的产地有着明确的个性！
拥有代表不同风格的葡萄酒！

　　法国是世界第一的高品质葡萄酒生产国，长期以来都是其他国家的观摩对象，可谓是葡萄酒的圣地。其最大的特征是，国内有着多样化的地形和土壤以及气候类型。由此便生产出各式风格，以及能代表其风格的美酒。包括世界闻名的波尔多、勃艮第、香槟区，还有阿尔萨斯、罗讷省、卢瓦尔河等近10处大型产地。产地的气候从寒冷到温暖，而所栽种的也是适合当地气候的葡萄品种，因此各个产地也早已确立了各自的风格。人们能从中体会葡萄酒丰富的个性差异，并选出自己最爱的品种。

6 阿尔萨斯

3 香槟区

●巴黎

5 卢瓦尔河

2 勃艮第

10 汝拉县

10 萨瓦省

1 波尔多

●里昂

4 罗讷省

8 普罗旺斯

9 西南地区

●尼斯

8 科西嘉岛

7 朗格多克和
鲁西荣产区

Data

北纬42°～49.5°

种植面积 89.4 公顷（世界第二）

年产量 521.05 千升（世界第二）

（根据 2005 年 O.I.V 统计数据）

70

1 波尔多
Bordeaux

将赤霞珠、梅洛、品丽珠等众多品种混搭后制成芳香醇厚的红葡萄酒是其特色之一。不同的酒庄虽略有不同，但经贮藏的红酒魅力不可错过。

2 勃艮第
Bourgogne

与波尔多齐名的世界级葡萄酒产地。气候属于凉爽的大陆性气候，因黑品乐的红葡萄酒，霞多丽的白葡萄酒等由单一品种酿造的葡萄酒而世界闻名。味道带有出众的酸味，优雅而惊艳。

3 香槟区
Champagne

位于法国东北部的气候寒冷地区，可谓是发泡葡萄酒的代名词的世界级产地。瓶内二次发酵而诞生的葡萄酒口感深邃华丽，还伴有细腻的气泡。

4 罗讷省
Rhône

位于纵贯法国西南部最终流入地中海的罗讷河沿岸，气候较为温暖。罗讷省北部以使用西拉子酿造口感柔和的红酒为主；南部葡萄以歌海纳为主，常用混搭，果味浓郁。

5 卢瓦尔河
Loire

法国西北部东西走向的卢瓦尔河沿岸。气候凉爽。产品以轻快的白葡萄酒为主，也生产一些红酒和桃红酒。性价比高，多为适合与食品搭配的好酒。

6 阿尔萨斯
Alsace

位于法国西北部与德国接壤之处的莱茵河两岸。产品以使用雷司令、灰品乐、格乌兹莱尼、麝香葡萄等品种而味道纯正，以带有爽口酸味的干葡萄酒为主。

7 朗格多克&鲁西荣产区
Languedoc and Roussillon

罗讷河口以西至西班牙国境位置的沿岸地区。属于温暖而干燥的地中海气候。多产口感酸爽的红葡萄酒。高性价比的日常用酒，地区餐酒的一大产地。

8 普罗旺斯&科西嘉岛
Provence and Corse

包括罗讷河口以东的地中海沿岸，以及地中海中的科西嘉岛的产地。产品口味亲切，占普罗旺斯产能大半的桃红葡萄酒也是世界闻名。

9 西南地区
Sud-Ouest

产地零星分布从比利牛斯山脉流至波尔多地区的河流的上流流域。生产低价但具有波尔多气质的厚重感的红葡萄酒或甜葡萄酒。拥有卡奥尔、马第宏等名产区。

10 汝拉县&萨瓦省
Jura and Savoie

位于勃艮第与瑞士国境之间的汝拉，产有清爽的白葡萄酒和黄葡萄酒、稻草酒等当地特色的葡萄酒。萨瓦省则地处莱芒湖南部的两侧。主要产品是轻快而爽朗的白葡萄酒。

波尔多

法国 ❶
[BORDEAUX]

芳香醇厚有内涵的红酒魅力!

位于法国西南部的大西洋沿岸，气候较温暖、湿度较高的海洋性气候。因有三条大河流经此地，所以土壤为混有小石子的贫瘠土地。这里所生产的葡萄酒世界闻名，赤霞珠、梅洛等品种混合酿制出内涵丰富的红葡萄酒，芳香醇厚风味怡人。也有极甜的贵腐酒。

1 梅多克/上梅多克
Graves

位于流入大西洋的纪龙德河的左岸，世界红葡萄酒的中心。生产以赤霞珠为主的醇厚红酒，上梅多克自1855年即被授予城堡酒庄称号。

2 圣艾米隆/庞美洛
Médoc / Haut-Médoc

都是位于多尔多涅河的右岸。与梅多克形成对照的是，此地以梅洛（+品丽珠）为主体，产品口感醇厚柔滑。多为小规模的生产者，但多产高级葡萄酒。

3 格拉芙
Sauternes and Barsac

Grave在法语中是小石子的意思。当地土壤为沙砾质，产有许多高质量、口感厚重的红葡萄酒，也生产干白葡萄酒。著名的侯贝酒庄位于格拉芙北侧的佩萨克产区地区。

4 苏岱和巴沙
Saint-Emilion and Pomerol

位于格拉芙地区的南部，加龙河的支流——一条名为"冰河"的小河所产生的雾气为这里带来了贵腐葡萄和以沙美龙为主的高甜度葡萄酒。这里的贵腐酒代表了世界最高水平。

纪龙德河

1 梅多克/上梅多克

2 圣艾米隆/庞美洛

3 格拉芙

4 苏岱和巴沙

所产葡萄酒的特点

名为某某庄园

赤霞珠和梅洛的混合

色泽浓郁，黑加仑香和怡人的涩味

适合搭配多油的肉类

勃艮第 | 法国 ❷
[BOURGOGNE]

邂逅香味逼人、感人的味道！

产地位于法国中东部，向南北方向延伸，整体都是凉爽的大陆性气候。如果说波尔多的魅力在于风格和内涵独特的香味，那么勃艮第的魅力就是细腻高雅、让人感动的味道。用霞多丽或黑品乐等单一品种制造的葡萄酒，富有变化，以及这片土地所赋予的个性，表现了整个产地的特征。

1 夜丘区
Cote de Nuits

香贝丹庄园村和冯内一罗曼尼村等名产地的所在之处。拥有为数不少的特级葡萄田，是最高级的黑品乐红葡萄酒的产地。

2 伯恩丘区
Cote de Beaune

与夜丘区相对，这里是杰出的白葡萄酒产地。有诸多特级酒村，如梅索、蒙哈谢、高登—查理曼等。

3 莎布里丘
Chablis

气候寒冷，石灰质的土壤中含有大量名叫"启莫里奇阶"的贝类的化石，因此产出的葡萄富含矿物质。是霞多丽白葡萄酒的产地。

4 马孔内区
Maconnais

以霞多丽为主的白葡萄酒产地。产品富有果味喝起来神清气爽，因此很有人气。近年来聚集了不少优秀的酿酒师而倍受瞩目。

5 薄若莱村
Beaujolais

博若莱，生产原材料为佳美葡萄的味道轻快的红葡萄酒。新酒薄若莱新酒十分有名。北部产地的薄若莱村和优等薄若莱园也很有个性魅力。

1 夜丘区
3 莎布里丘
2 伯恩丘区
4 马孔内区
5 薄若莱村

所产葡萄酒的特点

红莓一般的香味和高贵的酸味（黑品乐）

基本上红葡萄酒是黑品乐，白葡萄酒则是霞多丽

高级品的名字都是葡萄田的名字

73

香槟区

美女一般诱惑的发泡葡萄酒!

土壤中含有丰富的白垩质石灰,和凉爽的气候一起为葡萄带来矿物质感和美妙的酸味。高级发泡酒的代名词一般的瓶内二次发酵和混搭(Assemblage)等独特制法酿造的葡萄酒味道别具一格。

所产葡萄酒的特点

- 矿物质感和美妙的酸味
- 极度细腻的气泡溶解在酒中
- 储藏成熟后会有摩卡或奶油蛋卷的味道

小知识! 在香槟区葡萄酒生产者叫Maison。而他们还分为以下两个大类:

NM(Negociant-Manipulant)
所使用的原料的一部分或是全部都是从别人(种植农)那里购买的生产者。被称为Grande Maison的大型生产者都是这种形式。

RM (Recoltat Manipulant)
只用自家的葡萄田的葡萄酿酒的种植者兼酿造者。多为小规模生产,RM的产品往往带有浓烈的村落或农田的风采而别有乐趣。

罗讷省

饱餐了阳光丰满有味道的葡萄酒!

葡萄经过充分的阳光洗礼,酿出富有果实浓缩感和个性的葡萄酒。罗讷北部使用西拉子,味道强力酸而有弹性。南部的红葡萄酒则是各式品种的香味浑然一体。

所产葡萄酒的特点

- 教皇新城堡
- 多用歌海纳等品种的葡萄
- 复杂而温暖的南方口味

◆罗讷河谷
罗讷北部的代表产地,生产以西拉子为主的红葡萄酒。陡峭的农田日照充足,果实浓缩,酒香迷人。

◆教皇新城堡
罗讷南部的代表产地。产品以歌海纳为主,辅以其他多种品种。味道明朗温暖。

第3章 探访新世界葡萄酒

▼ 法国

卢瓦尔河 | 🇫🇷 法国 ❺
[LOIRE]

爽快的口感，适合餐时饮用！

　　产地为法国第一大河卢瓦尔的流域地区。有南特、索米尔、都兰、中法等地区，产品各有特色。气候凉爽，因此产品也口感爽快，十分适合与食物搭配。

所产葡萄酒的特点

桑塞尔的白葡萄酒（长相思）

香草的香气和坚硬的矿物质感

口感干脆，适合炎热的夏天饮用

◆ 希侬堡/布格地区
都属于都兰地区，以品丽珠为主的红葡萄酒是当地特产。希侬堡还生产白诗南的白葡萄酒。

◆ 桑塞尔/普伊芙美地区
属于中法地区。充满香草气息的长相思葡萄酒十分有名。桑塞尔也生产黑品乐的红酒。

阿尔萨斯 | 🇫🇷 法国 ❻
[ALSACE]

北方的葡萄酒
充满纯洁的魅力

　　北方产地的透明感、生机和美妙的酸味是当地白葡萄酒的特色。基本上只使用单一品种，矿物质感和水嫩的果味充满魅力，如雷司令和格乌兹莱尼等。也生产迟摘酒和贵腐酒等甜酒。

所产葡萄酒的特点

经常写有品种名

纯净的果味和美妙的酸味

使用的葡萄品种为雷司令等

◆ 阿尔萨斯酒乡
产区包括阿尔萨斯全境。主要生产白葡萄酒，品种多用雷司令、灰品乐、格乌兹莱尼和麝香葡萄等。

◆ 阿尔萨斯特级葡萄园
于1983年被认证为拥有优秀素质的农田（小地区），现有51处。

了解更多！

其他香槟区

CHAMPAGNE

了解一下生产地区和主要品种吧！

A 兰斯地区

兰斯以南的广阔区域，土壤主要是白垩质。作为黑品乐的名产地而闻名。

B 马恩地区

马恩河两岸的斜面地区。经常有风吹过因此气候凉爽。莫尼耶黑品乐是其主力品种。

C 勃朗山坡

自埃佩尔奈起向南北延伸，名字的意思是白色的山丘，土壤是白垩质。霞多丽的名产地。

D 其他地区

除了以上三个地区，还有南方的塞尚、巴尔这两个地区。

中心区域

A 兰斯地区
●兰斯

B 马恩地区

●埃佩尔奈

C 勃朗山坡

■为 Grand Cru（特级田）的村庄

香槟地区有17个被评委Grand Cru的村落。

🍇 使用品种有三种

霞多丽 Chardonnay
酿出优雅而细腻的酸味白葡萄。储藏成熟后更添芬芳。

黑品乐 Pinot Noir
强力而醇厚的红葡萄。储藏成熟后，味道更复杂难以捉摸。

莫尼耶品乐 Pinot Meunier
果香柔软的红葡萄。特征是储藏后很快成熟。

每天边旋转瓶身边让酒瓶倒立，使瓶内的沉淀物聚集到瓶口处。

凉爽的气候中，为了让日照更充足而将葡萄树架低是其特征。

了解香槟的种类!

[葡萄品种的不同]

Blanc de Blancs	只使用白葡萄（霞多丽）酿造的香槟酒。
Blanc de Noirs	只使用红葡萄（黑品乐或莫尼耶品乐）酿造的香槟酒。

[收获年标识的不同]

NV (Non Vintage)	没有收获年份的记载，通常是将不同年份的酒混合而成。从中可以看出各生产者的不同风格。
Millesime	标记了葡萄的收获年份。只在葡萄长势良好的年份生产，可以尝出每年的不同来。

[等级的不同]

Standard	标准商品的意思。一般来说各香槟都有着各自风格（独特不变的风味）。
Prestige	只使用超高级原酒酿造的香槟酒。

了解干葡萄酒甜葡萄酒的标识

香槟在除去沉淀的时候会添加糖分来调整甜度。干甜的标识如右图所示。

干 ← → 甜

Brut	Extra Dry	Sec	Demi Sec	Doux
15g以下/l	12～20g/l	17～35g/l	33～50g/l	50g/l以上

※单位为每升葡萄酒中的残糖量(g)

77

第二站 意大利

地中海的太阳带来
共20多个州的产地的多种葡萄酒

气候稳定，阳光充足，南北狭长的半岛上的20个州都有自己的葡萄酒产地。俯瞰意大利全图，从阿尔卑斯山脉附近气候较寒冷的北部，到东西临海海洋性气候的中部，和干燥的地中海气候的南部，各产地都有其独特之处。此外，各地文化背景不同，如桑娇维塞等各地有不同特色的独特品种层出不穷，使得葡萄酒的品种也数不胜数。而容易与食品搭配，也是意大利葡萄酒的一大特征。与意大利餐搭配，魅力更是成几何倍数增强。而酿造者的不同也使葡萄酒产生差异，这也是一大乐趣。

弗留利—威尼斯—茱莉亚州

威尼托州

1 皮埃蒙特州
●米兰

2 托斯卡纳州

●罗马

撒丁岛

坎帕尼亚州

西西里岛

Data

北纬37°～47°

种植面积 84.2万公顷（世界第三）

年产量 540.21万千升（世界第一）

（根据2005年 O.I.V 统计数据）

1 皮埃蒙特州 | [PIEMONTE]

巴罗洛酒和巴巴瑞斯可酒的生产基地

位于意大利西北部，阿尔卑斯山脉脚下的意大利两大名产地之一，因有意大利葡萄酒之王之称，以纳比奥罗为原料生产的巴罗洛酒和巴巴瑞斯可酒而闻名天下。主要产地处于陡峭的丘陵地带，气候凉爽，并生产松露、白面包等食材。而用巴比拉葡萄以及多姿桃葡萄酿造的葡萄酒的质量近年来也大幅上升。

所产葡萄酒的特点

使用那比奥罗葡萄

巴罗洛酒

李子等红色果实，董菜，涩味……储藏成熟后味道更有深度

颜色呈深红宝石色

2 托斯卡纳州 | [TOSCANA]

诞生于桑娇维塞的意大利风味

位于意大利中西部，面朝第勒尼安海，是意大利两大名产地之一。葡萄田地处温暖的丘陵地带，生产着全国数量最多的意大利代表品种——桑娇维赛葡萄。产品中有古典康帝干红（Chianti Classico）和蒙丝娜酒（Brunello di Montalcino）等著名品种。另外还有使用波尔多葡萄品种的超级拖斯卡红酒。

所产葡萄酒的特点

使用桑娇维赛葡萄

古典康帝干红

也有强力深邃的类型

柔软而富有果味，酸味。适合搭配食品

其他地区 [OTHER AREAS]

威尼托州	适合搭配海鲜的苏瓦韦白葡萄酒和瓦波利切拉红葡萄酒都很有人气。
弗留利·威尼斯·茱莉亚州	意大利屈指可数的白葡萄酒产地。品种常用本地的弗留利葡萄和灰品乐等。
坎帕尼亚州	使用当地葡萄品种阿里亚尼考酿造的托拉斯（Taurasi）的红葡萄酒和希腊（Greco）的白葡萄酒都很有名。
西西里岛	近年来，使用黑达沃拉葡萄的红酒备受瞩目，并有特产的酒精强化酒马尔萨拉。

第三站　德国

美妙的酸味和矿物质感
葡萄生长的北方界限处的白葡萄酒王国

北纬50°可谓是葡萄种植的最北界限，德国在这条气候寒冷的线附近有许多生产地。是一个大量种植白葡萄的白葡萄酒王国。其中最重要的品种就是雷司令。摩泽尔和莱茵高等产地往往了获得更多的日照，而将葡萄田设在河边向南的斜坡上，使葡萄在寒冷气候中也能缓慢成熟。这一设计也造就了葡萄丰富的酸味和矿物质感。德国酒总让人想起迟摘酒等高级甜酒，但最近德国的干葡萄酒也备受好评，黑比诺的红酒近年来也处于不断进步中。

1 摩泽尔地区

2 莱茵高

●柏林

美因河

●法兰克福

50°

普法尔茨

弗兰肯地区

巴登

莱茵河

Data

北纬47°～52°	
种植面积9.8万公顷	
年产量91.53万千升(世界第八)	
(根据2005年O.I.V统计数据)	

1 摩泽尔地区 |[MOSEL]

细腻而温和的口感
让人无法自拔！

这一产地位于摩泽尔河与其支流萨尔河、卢汶河流域。气候十分寒冷，土壤为板岩质。这里生产的雷司令葡萄，口感细腻、酸味怡人，果味温文尔雅。残留有少量的糖分，与酸味达成完美的平衡。属于传统的中甜葡萄酒。

所产葡萄酒的特点

清爽的中甜口味让人放松

摩泽尔地区的雷司令

酸味怡人，还有透明的矿物质感

2 莱茵高地区 |[RHEINGAU]

坚硬的矿物质感和
美妙的味觉！

位于东西流通的莱茵河北岸，朝南的斜坡上密布着葡萄田。其中有不少是继承自中世纪修道院和贵族的农地。酸味和果味口感清凉，并带有坚硬的矿物质感，是产自此处的雷司令的特征。除了大量口感丰满强力的干葡萄酒外，也酿制高质量的贵腐酒。

所产葡萄酒的特点

多为口感强力有透明感的干葡萄酒

莱茵高地区的雷司令

新鲜强烈的酸味和矿物质感，饱满而富有生机

其他地区 [OTHER AREAS]

弗兰肯地区	塞尔维亚干白广受好评。使用扁平的酒瓶，很适合搭配食品。
巴登地区	德国最南部的产地。不论红白，这里所产的口感醇厚的品乐干葡萄酒都很有名。
普法尔茨	位于法国阿尔萨斯地区的正北。酿造的红白葡萄酒口感都富有变化，质量上乘。

第四站　西班牙

红酒、卡瓦酒和雪利酒的缤纷魅力
处在变革之中广为关注的产地

　　西班牙占据伊比利亚半岛大半面积，良好的气候条件使得全国境内大部分地区都能种植葡萄，种植面积是世界第一。除了北部和西部，大西洋沿岸地区降水十分稀少，而地形也以山脉和高原为主，因此葡萄田的海拔成了影响收成的一大因素。红葡萄是以添帕尼优为首的当地品种为主，酿造出的酒也是口感醇厚，是长期成熟的传统类型。自古以来，除著名产地里奥哈之外，还有近年来以现代风格的葡萄酒而备受瞩目的新贵产区杜罗河谷、贝利奥拉特等地。此外，还有安达卢西亚的雪利酒、卡瓦发泡葡萄酒等多种酒类，再加上近年西班牙正推行葡萄酒改革，想必今后会有更大的发展。

杜罗河谷

佩尼第斯

下海湾地区

1 里奥哈

●巴塞罗那

●马德里

贝利奥拉特

2 赫雷斯

拉曼恰

Data

北纬36°～44°

种植面积 118万公顷（世界第一）

年产量 361.58万千升（世界第三）

（根据2005年 O.I.V 统计数据）

1 里奥哈 |[RIOJA]

平衡而成熟的
葡萄酒魅力

　　位于西班牙北部，埃布罗河的上游，乃是西班牙首屈一指的产区。气候较稳定，给葡萄带来细腻而平衡的味道。产量的80%是红葡萄酒，以添帕尼优为主，辅以歌海纳，是传统的长期成熟型酒。最近强调果味的现代派口味也逐渐多了起来。

所产葡萄酒的特点

- 恰到好处的成熟度带来柔软的味道
- 里奥哈的红
- 以添帕尼优为主的混搭
- 醇厚，酸度适中

2 赫雷斯 |[JEREZ-XÉRÈS-SHERRY]

伴着芳香的独特口感
让人欲罢不能

　　世界闻名的酒精强化酒，雪利酒的产地。西班牙西南安达卢西亚地区的赫雷斯、圣玛利亚港和圣卢卡三座城市所环绕形成的三角地带就是雪利酒的生产地区。所使用的帕拉米诺葡萄生长在独特的石灰质土壤中，产生口感干脆、适合冷饮的干葡萄酒菲诺和琥珀色味道醇厚的奥罗露苏酒。

所产葡萄酒的特点

- 无糖型雪利酒
- 颜色呈淡淡的小麦色，酸味独特，带有坚果风味
- 略加冰镇后与海鲜和生火腿是绝配

其他地区 [OTHER AREAS]

杜罗河谷	以添帕尼优为主，生产高贵优雅的红葡萄酒。有不少现代派的酿造者。
佩尼第斯	加泰罗尼亚州的产区，是高质量发泡葡萄酒，卡瓦酒的主要产地。
拉曼恰	位于西班牙中部，全国最大的产区。产品多为白葡萄酒，纯净而优质的产品年年增加。

第五站　奥地利

生产纯净味觉的白葡萄酒
绿维特利纳葡萄人气超高

　　与德国葡萄酒所使用的葡萄品种以及标签的标识方法十分类似。但奥地利的位置更靠南方，因此这里的葡萄酒的果味和内涵更为充实。产地有瓦赫奥等，都集中分布在东部。近年来使用独有品种绿维特利纳或雷司令酿造的口感纯净的白葡萄酒十分有人气。也生产用兹威格葡萄酿造的红葡萄酒。

所产葡萄酒的特点

口感纯净，富有果味和矿物质感

使用绿维特利纳白葡萄

略带白胡椒般的辣味

1 瓦赫奥

2 新德勒湖地区

●维也纳

3 中部布尔根兰

Data

| 北纬47° ～ 48° |
| 种植面积 5.2 万公顷 |
| 年产量 22.64 万千升 |
| （根据 2005 年 O.I.V 统计数据） |

1 瓦赫奥地区
[WACHAU]

生产高质量的绿维特利纳和雷司令葡萄。

2 新德勒湖地区
[NEISIEDLERSEE]

除了红葡萄酒备受好评，贵腐酒等甜酒也很有名气。

3 中部布尔根兰
[MITTELBURGENLAND]

使用蓝色佛朗克葡萄酿出优质的红葡萄酒。

第六站 葡萄牙

波酒等酒精强化酒自不必说，
餐酒也有无比的魅力！

最先被提起的，一定是波酒和马德拉酒这样的酒精强化型葡萄酒，这些酒现在仍旧占据了整个产量的12％。90年代以来，葡萄牙餐酒的品质飞速提升，比拉达、杜奥，以及原本就是波酒产地的多鲁地区，都开始生产用本地葡萄酿造的优质红酒。白葡萄酒则以清新爽快的葡国青酒（Vinho Verde）为代表。

所产葡萄酒的特点

酸味浓郁，口感新鲜！

Vinho Verde（意为绿色的酒）

使用阿尔巴利诺葡萄酿造的醇厚干葡萄酒

---

1 青酒产区

3 比拉达地区

2 多鲁地区

4 杜奥地区

●里斯本

Data
北纬37° ～42°
种植面积 24.8 万公顷
年产量 72.66 万千升
（根据2005年 O.I.V 统计数据）

1 青酒产区
[VINHO VERDE]
位于葡萄牙最北端靠近大西洋的地区。生产清新轻快的白葡萄酒。

2 多鲁地区
[DOURO]
在生产波酒的同时，还酿造一些当地品种葡萄的红葡萄酒，味道浓缩。

3 比拉达地区
[BAIRRADA]
使用当地的品种葡萄巴格，酿制出酸味和涩味都很强烈、适合长期储存成熟的红酒。

3 杜奥地区
[DÃO]
混搭使用国产多瑞加葡萄等品种酿造出口感厚重、香气四溢的红葡萄酒。

85

第七站 美国

在阳光和寒流中孕育出丰满而有内涵的葡萄酒

主要产区大都在西海岸地区，其中最大的是加利福尼亚州，占国内产量的90%。最近俄勒冈州和华盛顿州也逐渐酿造出高品质的葡萄酒，此外纽约州也开始了葡萄酒酿造业的发展。加利福尼亚州年日照时间高，葡萄生长期的气候基本都保持干燥状态，太平洋寒流也发挥了巨大的作用，从大海方向涌来的寒气化作雾，使当地的昼夜温差加大。如此天时地利中诞生的葡萄富有果味，口感饱满。另一方面，葡萄品种名都会被在标签上写明，十分好懂，这也是其魅力之一。

华盛顿州
● 西雅图
俄勒冈州
1 索诺玛镇
1 纳帕谷
● 旧金山
加利福尼亚州
2 中央海岸
● 洛杉矶

Data

北纬33° ～48°

种植面积 39.9万公顷

年产量 228.8万千升(世界第四)

(根据2005年 O.I.V 统计数据)

1 纳帕谷和索诺玛镇 [NAPA VALLEY&SONOMA]

成为加利福尼亚州发展原动力的名产区

两者都堪称是加州发展的原动力。受到从南部海湾流入的冷空气影响，整体上南部要凉快一些。两者的种植品种都很丰富，其中具有代表性的是纳帕谷果味浓缩的赤霞珠和霞多丽，而索诺玛县则靠其凉爽的气候产出味道含蓄的霞多丽和黑品乐。

所产葡萄酒的特点

纳帕谷的赤霞珠

标签上会标注葡萄品种

成熟的浓缩果味和柔滑的触感和怡人的酸味

2 中央海岸 [CENTRAL COAST]

海风培育出的勃艮第品种引人注目

产区座落于旧金山南部至洛杉矶近郊一带的沿海地区。其中包括北部的蒙特雷市，南部的圣巴巴拉市等著名产地。整个区域都受海风影响而气候凉爽，产出为数众多的霞多丽、黑品乐和雷司令葡萄酒。另外，帕索罗夫莱斯的仙粉黛葡萄等法国罗讷省一系的葡萄酒也很受欢迎。

所产葡萄酒的特点

圣巴巴拉的黑品乐

艳丽的红宝石色泽和红色果实的香气

酸味丰富而复杂，富有魅力

其他地区 [OTHER AREAS]

俄勒冈州	主要品种为黑品乐，拥有世界级的优质品种。也种植灰品乐等白葡萄。
华盛顿州	夏天日照时间长，温差也很大。梅洛和雷司令等葡萄广受好评。
纽约州	最近在长岛地区种植的波尔多品种，指形湖的雷司令颇有人气。

第八站　澳大利亚

作为澳洲代名词的西拉子和多个产地的众多好酒

　　说到澳大利亚，相信不少人会想到西拉子葡萄。实际上澳大利亚给人的第一印象应该是种类繁多的好酒。产地从国土的三分之一线开始向南扩张，用州来算的话东南部三个州占了全国产量的95%。整体来说，气候温暖干燥，产出的葡萄也成熟度颇高。全国各地的产地有不同的特色，而所种植的品种，酿造的葡萄酒也包罗万象。同样是西拉子葡萄，就有芭萝莎谷和猎人谷两种风格迥异的演绎。亲自比较一番实在是乐趣无穷。

1 南澳大利亚州
芭萝莎谷

新南威尔士州

2 西澳大利亚州

猎人谷

珀斯

阿德莱德

堪培拉

维多利亚州

墨尔本

玛格丽特里弗

亚拉谷

塔斯马尼亚州 —— 朗塞斯顿

Data

南纬30°～40°

种植面积 16.7万公顷

年产量 143.1万千升（世界第六）

（根据2005年 O.I.V统计数据）

1 南澳大利亚州 | [SOUTH AUSTRALIA]

强力的西兰子和
纯净的雷司令

产量接近国内产量的一半，气候、土壤多样的南澳州是澳大利亚的中心产区。芭萝莎谷的西拉子颇具澳大利亚特色，口感强烈；而嘉拉谷的雷司令则是口感纯净而饱满；库纳瓦拉的凉爽气候孕育出的赤霞珠口感浓缩。以上三者都是当地的代表品种，务必请去品尝一下。

所产葡萄酒的特点

芭萝莎谷的西拉子

颜色浓郁给人以力量感

成熟的果实和隐约飘香的酸味

2 西澳大利亚州 | [WESTERN AUSTRALIA]

稳定的气候孕育出
高贵的葡萄酒

生产规模较小，但产品大多是高级品的一个新产区。特别是首府珀斯附近的沿海产区玛格丽特弗十分引人注目。气候像极了法国波尔多的干燥年份，从而诞生出强力而非高雅的赤霞珠和果味浓缩无比、酸味又清透逼人的霞多丽。

所产葡萄酒的特点

玛格丽特里弗的霞多丽（白）

浓缩了各种水果的味道

酸味迷人满口余香

其他地区 [OTHER AREAS]

新南威尔士州	澳大利亚葡萄酒的发祥地。猎人谷生产储存成熟型的人气葡萄沙美龙。
维多利亚州	气候凉爽的亚拉谷和吉朗，产自这里的黑品乐和霞多丽广受好评。
塔斯马尼亚州	生产寒冷地区的葡萄品种。其中，富有透明感的黑品乐和细腻的发泡酒都很有特色。

第九站　新西兰

凉爽气候中诞生的
新世界的新葡萄酒

　　新西兰分为北岛和南岛，四面被大海包围，是海洋性气候的国家。全国气候凉爽，空气清新，阳光怡人。昼夜有一定的温差，因此使葡萄能够慢慢成熟。这些气候条件使得新西兰产的葡萄酒都带有活力四射的酸味和清澈的口感。在这个新世界中，南岛的马尔堡因种植赤霞珠成功，成为新的葡萄酒产地而受世界瞩目。此外，原本新西兰不曾种植的黑品乐近年也开始在此扎根，获得评价甚高。新西兰的产区主要位于海岸线附近，另外值得注意的品种还有霞多丽、雷司令和西拉子等波尔多葡萄品种。

1 北岛

2 南岛

●惠灵顿

霍克湾

马尔堡

马丁堡

坎特伯雷

中奥塔哥

Data

南纬36°～45°

种植面积2.5万公顷

年产量10.2万千升

（根据2005年O.I.V统计数据）

1 北岛 | [NORTH ISLAND]

从波尔多品种到优秀的黑品乐

在东海岸有众多优秀产地。新西兰葡萄酒商业生产发祥地的霍克湾，因其生产的波尔多式葡萄酒而大受赞誉。在其东北方的吉斯伯恩产区被称作"霞多丽之都"，而马丁堡属于最南端的怀拉拉帕，以其典雅的黑品乐著称。

所产葡萄酒的特点

- 纯净透明的红色果实味
- 马丁堡的黑品乐（红）
- 沉静的红宝石色
- 略带土壤味

2 南岛 | [SOUTH ISLAND]

代表新西兰颜面的白沙威浓

先说说位于东北角的马尔堡。这里是全国最大的产地，新西兰葡萄酒的发展中心。1980年以来，在国际上大获成功的云雾之湾的白沙威浓拉开了发展的序幕。坎特伯雷的霞多丽和雷司令，南部的中奥塔哥的黑品乐，都是葡萄中的上品。

所产葡萄酒的特点

- 充满嫩绿色草本的香气
- 马尔堡的白沙威浓
- 酸味丰富，酒质浓郁
- 酒呈透明清澈的黄色

其他地区 [OTHER AREAS]

马尔堡	国内最大的产地，这里的白沙威浓全球闻名，同时也生产灰品乐和雷司令。
马丁堡	新西兰第一个以黑品乐闻名的产地。果实缓慢成熟后被酿成典雅的葡萄酒。
中奥塔哥	与马丁堡并列的黑品乐产区。大陆性气候使其果实成熟快，味道也很浓。

第十站 智利

超越性价比的
红葡萄酒大展身手

　　智利被东侧的安第斯山脉和西侧的太平洋所包夹，国土呈细长型，其中部是葡萄酒的主要产区。受太平洋寒流影响，气候与其纬度并不相符，属于温度不会太高的地中海气候。原来智利的葡萄酒只是因其赤霞珠的性价比超高而受到关注，但如今智利在气候更凉爽的地区开垦了新的葡萄田，使葡萄质量大大提高，佳美娜等品种的红酒也开始吸引世界的目光。

所产葡萄酒的特点

接近黑色的紫色

赤霞珠

富有酸味，余香四溢

口味浓缩的黑色果实，伴有薄荷香味

1 卡萨布兰卡山谷

阿空加瓜山地区
●圣地亚哥

中央峡谷

2 迈波山谷

3 科查瓜山谷

1 卡萨布兰卡山谷
[CASABLANCA VALLEY]

靠近大海，气候凉爽。霞多丽等品种的白葡萄酒和黑品乐都是其特色。

2 迈波山谷
[MAIPO VALLEY]

最为知名的产区，因其醇香的赤霞珠而著称。

3 科查瓜山谷
[COLCHAGUA VALLEY]

近年崛起的一个产区。梅洛、佳美娜和赤霞珠等品种深受好评。

Data

南纬32°～38°

种植面积19.3万公顷

年产量78.86万千升（世界第十）

（根据2005年O.I.V统计数据）

TOUR ⑪ Argentina 🇦🇷

第十一站　阿根廷

高地上的葡萄芳香
要多加关注的低调葡萄大国

位于安第斯山脉的东侧，与智利的中部河谷地区遥相呼应的门多萨省是阿根廷的主要葡萄产地。平均海拔达900米，昼夜气温差距很大，因此葡萄具有丰富的酸味和葡萄风味。阿根廷一直以来都被认为是产量大国，而这几年葡萄酒的品质也飞速提升。主要品种有马尔贝克葡萄的红酒和特浓情葡萄的白葡萄酒。

所产葡萄酒的特点

- 接近黑色的红宝石色
- 马尔贝克的红葡萄酒
- 浓厚的带有酸味的新鲜口感
- 柔滑的口感

1 萨尔塔省
拉里奥哈省
2 圣胡安省
◉布宜诺斯艾利斯
3 门多萨省
巴塔哥尼亚

Data
南纬22° ～42°	
种植面积 21.9万公顷	
年产量 152.22万千升	
（根据2005年O.I.V统计数据）	

1 萨尔塔省
[SALTA]

世界上海拔最高的葡萄产地。生产酿自特浓情葡萄的富有风味的白葡萄酒。

2 圣胡安省
[SAN JUAN]

仅次于门多萨省的产区。酿造麝香葡萄的白葡萄酒，西拉子的红葡萄酒。

3 门多萨省
[MENDOZA]

产量和质量都在全国首屈一指。产品品种多样，以马尔贝克葡萄为主。Lujan de Kujo、San Rafael等种植区域十分有名。

93

第十二站　日本

从日本独有的品种到欧系葡萄
产地、品种、质量都快速前进

高温潮湿，葡萄生长期和收获时期雨水丰富的气候，使日本很久以来都不适合种植葡萄。另外，受到农地法的限制，酿酒厂难以持有自己的农田，而农民都倾向种植更有市场的食用葡萄，成了葡萄酒酿造业发展的障碍。但是近年来，通过种植者和酿造者的不懈努力，日本葡萄酒的质量大大提升。主产地有降水较少、昼夜温差较大的山梨县、长野县、山形县和北海道等地。主要种植国产葡萄甲州、麝香·贝利A，以及欧洲葡萄的梅洛和霞多丽等。

北海道

◦小樽

山形县

2 长野县

◦上山

1 山梨县

◦盐尻
◦胜沼

九州

Data

北纬32° ~ 43°（产地）	
种植面积 2 万公顷（含食用葡萄）	
年产量 约9万千升（含进口原料）	

1 山梨县 |[YAMANASHI]

经过磨砺逐渐成长的日本葡萄品种，甲州

产量约占全国的三分之一，拥有酿酒厂数量最多的全国最大的葡萄酒产地。种植区域以位于甲府盆地的胜沼为中心向四周扩张。种植和酿造日本品种的甲州以及麝香·贝利A的人数量众多，特别是甲州葡萄酒已经获得了世界葡萄酒爱好者的好评。也利用篱笆栽培种植一些欧洲品种，其品质也是最高级的。

所产葡萄酒的特点

- 颜色清淡，口感透明清澈
- 甲州葡萄的白葡萄酒
- 温暖的柑橘和矿物质的感觉
- 也能搭配日式料理

2 长野县 |[NAGANO]

盐尻梅洛为首的欧系品种引人注目

气候凉爽，昼夜温差较大，属大陆性气候，因此能够产出高品质的葡萄酒。产量仅次于山梨县，位居全国第二。长野县成功地种植了欧洲品种，其中盐尻地区的桔梗原的梅洛受到国际上的广泛好评。长野市周边的北信地区，从上田到小诸的千曲川上游地区的梅洛和霞多丽葡萄也很有魅力。

所产葡萄酒的特点

- 丰富的果味和明显的酸味
- 梅洛的红葡萄酒
- 红色果实般的，有些通透感的端正口味

其他地区 [OTHER AREAS]

山形县 夏天天气炎热，昼夜的温差也很大。生产酸香四溢的高级赤霞珠和梅洛。

北海道 气候凉爽，拥有大片的种植区域，生产德系品种的凯尔纳葡萄和近年才开始种植的黑品乐。

九州 向来由于其温暖的气候被认为不适合种植葡萄，但其境内也有10家酿酒厂。产品中不乏颇具魅力的葡萄酒。

其他葡萄酒产地

世界上还有许许多多的葡萄酒产地，如果有机会请务必去品尝！

南非 ——————————————— South Africa

白诗南和独有的红葡萄品种乐塔吉十分有名，开普敦周边由于纬度较高，所以气候凉爽，能够种出美味的葡萄。

保加利亚 ——————————————— Bulgaria

在东欧很有口碑。水灵灵的赤霞珠是其主打产品，另有马弗露和帕咪德等当地品种。

印度 ——————————————— India

最近在日本的商店偶尔也能看见印度的葡萄酒。发泡酒和修拉牌的长相思葡萄很有人气。

黎巴嫩 ——————————————— Lebanon

Chateau Musare的赤霞珠和神索葡萄混合而成的红酒十分有名。此外还有比加溪谷生产高品质的葡萄酒。

加拿大 ——————————————— Canada

全国最大的产地位于安大略省的尼亚加拉半岛。用雷司令酿造的冰酒颇具特色。当然无泡酒也是口感细腻。

英国 ——————————————— British

受全球变暖影响，葡萄在英国也能成熟了。特别是英国的土壤和法国香槟区一样是白垩质，因此酿造的发泡酒也具有超高的品质！

希腊 ——————————————— Greece

海洋性干燥气候的希腊拥有超过300种的土著葡萄品种，白葡萄酒的口感耐人寻味。

第四章

尽情掌握葡萄酒
知识问与答

Question and Answer

如果您还想了解更多葡萄酒知识，
或是脑中突然浮现出任何疑问，请来这里。
我们为您搜集了有关葡萄酒的问题。

葡萄酒知识
问答

为想了解更多葡萄酒知识的人一口气收集了这么多问题！

问 什么是Chateau？什么是Domaine？

答 在法国波尔多地区，酿酒厂拥有自己的土地，并用自己生产的葡萄来酿酒的生产着被叫做Chateau。另一方面，以勃艮第地区为主的地方则把他们称为Domaine。两者的差异在于，前者大多是拥有大片土地的大规模生产，后者则是农家式的小规模家族经营的酿酒厂。

问 什么是Second wine？

答 酿酒厂一般都有自己的旗舰品牌，而使用那些水准达不到旗舰要求的原料葡萄或是发酵槽酿造的葡萄酒，称为Second wine。虽然品质上略逊于旗舰酒，但也能体现酿酒厂的风格，是一种更具性价比的选择。

问 什么是贵腐酒？

答 使用贵腐化的葡萄酿造的极甜葡萄酒。所谓贵腐化就是完全成熟的葡萄中含有贵腐菌，贵腐菌使葡萄中的水分蒸发从而糖度远超一般的葡萄。使用这种葡萄的葡萄酒就会带有无比甘甜而又复杂深邃的口感。为使葡萄贵腐化就需要推迟收获时间，而一串葡萄榨取得到的果汁也很少，因此十分珍贵。

贵腐化的沙美龙葡萄

问 经常出现在法国酒瓶体上的AOC是什么？

答　AOC是法国1953年指定的葡萄法，指原产地统一称呼法（Appellation d'Origine Controlee）。由于当时山寨葡萄酒泛滥，法国为保护优质葡萄酒的品质和产地，从而规定了产地名称标识和不同等级产地的质量标准。AOC具体地规定了不同产地能使用的葡萄品种和最大收获量、栽培方法和酿造方法等。各地区的AOC中也有不同等级，产地的规定越详细，所受到的限制也就越多，但与此同时，不同产地的个性也被突显出来，反而生产出更多高级的葡萄酒来。

这就是AOC标识
标签上写着"Appellation XXXX Controlee"，这里的XXXX就是AOC名。这张图中的ACO名（原产地名）是"SAINT-EMILION GRAND CRU"。

SAINT-EMILION GRAND CRU
APPELLATION SAINT-ÉMILION GRAND CRU CONTRÔLÉE

2004

优良地区葡萄酒

AOC
（Appellation d'Origine Controlee）
标识原产地名的葡萄酒

VDQS
（Vin de Qualite Superieure）
类似于AOC的候补

日常消费餐酒

VDP
（Vin De Pays）
标识大致地区名的葡萄酒

VDT
（Vin De Table）

不标识原产地，可以将不同产地的酒混合制成

问 Vin de Pays是什么？

答　AOC法中，在规定各AOC的同时，也将葡萄酒整体划分为"指定地区优质葡萄酒"和"日常消费用餐酒"两个质量等级。后者中能够标识大致地名的就是Vin de Pays，也就是表示是当地的酒。朗格多克鲁西荣产区的Vin de Pays d'Oc颇有名气。

佳美葡萄

问 什么是Beaujolais Nouveau?

答 　　Beaujolais是法国勃艮第地区南部的同名产地，生产用佳美葡萄酿造的葡萄酒。Beaujolais Nouveau（薄若莱新酒）就是每年11月的第三个星期四解禁的新酒。有着朝气蓬勃生机昂然的口感，解禁本身也是当年葡萄酒的第一项大型活动。由于时差关系，日本是世界上第一个开始品尝新酒的国家。

问 除了香槟以外还有哪些发泡葡萄酒?

答 　　发泡葡萄酒的英语是Sparling wine，就是会发泡的酒的意思。对其称呼各国都有所不同，法国通称为Vin mousseux，并将其能够标识产地名称的部分称为Crémant。德国则叫Sekt，意大利叫Spumante，西班牙通称为Espumoso。像香槟这样在特定产地酿造的人气发泡酒，还有西班牙的卡瓦（安达卢西亚地区）、意大利的Franciacorta（伦巴第地区）和Prosecco（威尼托地区）等等。

问 波尔多的左岸、右岸分别是指哪里?

答 　　一般来说，朝着河流的流向，右手边的是右岸，左手边的就是左岸。波尔多地区的右岸是指多尔多涅河右岸的圣艾米隆/庞美洛地区，左岸就是指加龙河和纪龙德河左岸的梅多克、格拉芙地区。左岸和右岸地区土壤和主要种植的葡萄都不同，所产的葡萄酒也有很大差异。

问 波尔多的等级是什么?

答 在波尔多除了AOC(见99页)这一产地规定之外,梅多克、圣艾米隆、格拉芙、苏岱等地区还有将各酿造者分等级的做法。最早的也是最有名的等级划分是1855年巴黎世博会上梅多克地区的等级划分。众多酿造者中有60家会被评为特级(Grand Cru),特级中还会细分为1级到5级五个级别。著名的五大酒庄就是那些1级的酒庄(下图),它们经历了150年,直到现在仍然是不可动摇。

波尔多五大酒庄

- ●拉斐酒庄
  上梅多克地区/Pauillac村
- ●拉图堡酒庄
  上梅多克地区/Pauillac村
- ●木桐酒庄[1]
  上梅多克地区/Pauillac村

- ●玛歌酒庄
  上梅多克地区/Margaux村
- ●奥比安酒庄[2]
  Graves地区/Leogneon村

注①:于1973年从2级升至1级
注②:1855年唯一一个当选的非梅多克地区的酒庄

问 勃艮第的Grand Cru和Premier Cru是什么?

特级田
例:
Manet Pablo Conti

一级田
例:
Vosne Romanée Premier Cru Clos Paranto

- - - - - - - - - - - - - -

村名
例:
Vosne Romanée

地域名/地区名
例:
Bourgogne、Macon等

村名田是指以村名来命名的田地。村名酒就是用村名田种植的葡萄酿造的葡萄酒。

答 波尔多对酒庄进行等级划分,而在勃艮第则是对一块块的葡萄田评级。在勃艮第,AOC分为四个等级,Grand Cru是其中的最高级,也就是特级。Premier Cru则是一级田。等级是以地域名/地区名—村名——一级田(村名的高级版)—特级田这样的顺序,越往上种植地区限制得越小,规定也更为严格繁琐。也就是说特级田具有能够产出最高级葡萄酒的产地条件,将直接成为葡萄酒的名称。

问 最近经常能听到自然派、bio-dynamic之类的词，那是什么？

答 这是一种耕作方法，是将葡萄田看作一个生态系统，种植过程中考虑环境因素，使用自然的方法，并用这种方式来种植葡萄和酿造葡萄酒。自然耕作法的实践方法有lutte raisonnee（农药减量农法）、有机栽培和bio-dynamic（生物动力法）等三种。

农药减量农法是除了非用不可的情况，极力避免使用农药（化学药剂）的一种种植方法。

有机栽培则是完全不使用化学肥料、除草剂、农药等药品，取而代之的是使用自然堆肥来肥沃土壤，种种小草使农田的生态环境复杂化，从而避免病虫害的大规模发生。这一方法在世界上的一些国家有专门的认证机构，得到这些机构认证的葡萄酒才能称为有机栽培葡萄酒。

生物动力法则是澳大利亚的思想家鲁道夫·斯坦纳所独创的种植方法。它不仅仅是不使用农药化肥等化学药品，更要在种植过程中配合月球等天体的运行规律进行。还有一些类似向田中抛撒水晶粉，或是在水牛角中制造肥料等颇具神秘色彩的做法。事实上许多种植者都采用了这种方法。

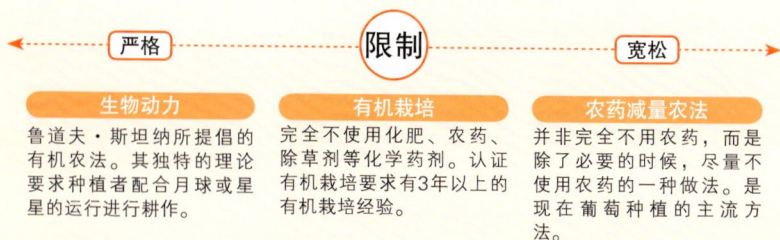

严格	限制	宽松
生物动力	**有机栽培**	**农药减量农法**
鲁道夫·斯坦纳所提倡的有机农法。其独特的理论要求种植者配合月球或星星的运行进行耕作。	完全不使用化肥、农药、除草剂等化学药剂。认证有机栽培要求有3年以上的有机栽培经验。	并非完全不用农药，而是除了必要的时候，尽量不使用农药的一种做法。是现在葡萄种植的主流方法。

问 亚硫酸（防氧化剂）对身体有害吗？

答 亚硫酸一般是指二氧化硫（SO_2），很久以前就被运用在葡萄酒酿造中。具有杀菌、防腐和帮助从果皮与种子中提取有效成分的效果。如果大量摄入二氧化硫，会对人体造成不良影响，但葡萄酒中为了保持质量所使用的剂量（日本的标准是小于0.035%），是完全不会有问题的。最近也有号称不添加亚硫酸的"无添加葡萄酒"，但并未解决避免氧化这一难题。

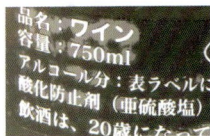

问 为什么要限制收获量？

答 为了酿造优质的葡萄酒，首先要有味道浓缩的葡萄。限制收获量，减少一株葡萄树上的葡萄串数，来增加每串葡萄所能获得的养分，从而最终得到味道浓郁的葡萄。冬季进行修剪减少新枝，成熟前还要对每串葡萄进行取舍。

问 什么是葡萄根瘤蚜？

答 19世纪中后期从美国进入欧洲，并给欧洲的葡萄带来毁灭性打击的一种寄生虫。葡萄根瘤蚜（蚜虫的一种）寄生在葡萄的根部并大肆啃食，造成葡萄树枯萎。欧洲葡萄对葡萄根瘤蚜毫无抵抗力，因此现在的对抗方案是将有抵抗力的美洲葡萄作为砧木。如今几乎所有的葡萄树都是在美洲葡萄的砧木上嫁接欧洲品种。

问 什么叫Sur Lie?

答 Lie是葡萄酒发酵后产生的沉淀物（大多是酵母的尸体）。酒精发酵完毕后不清除沉淀，让沉淀与酒长期接触，这种制法就是Sur Lie。这样不但能防止氧化从而保留葡萄酒的原味，还能将沉淀物的风味融入酒中。在卢瓦尔河地区的麝香葡萄酒就常用此法。其他让沉淀物和酒长期接触，使沉淀物的味道渗入酒中的做法，还有勃艮第地区的白葡萄酒搅拌发酵法和香槟区的瓶内二次发酵法。

有何不同

进行了MLF的葡萄酒
多是口感醇厚坚实的葡萄酒。红葡萄酒几乎都属于这一范围。还有夏布利等勃艮第的顶级白葡萄酒也有这一过程。饮用时不能过于冰镇。

未进行MLF的葡萄酒
口感爽快而水嫩，果味新鲜感十分突出，以整个德国和法国桑塞尔地区的酒为代表。推荐冷却到一定温度后饮用。

问 乳酸发酵指什么？

答 乳酸发酵是指酒精发酵完毕后，葡萄酒中的苹果酸在乳酸菌的作用下发酵成为乳酸的过程，可以略称为MLF（Malolactic fermentation）。苹果酸口感爽快酸味犀利，而乳酸的酸味则十分淡雅。通过MLF可以调淡酸味。绝大多数红葡萄酒都需要进行MLF，而一部分白葡萄酒也需要这道工序。

问 旋口瓶盖的葡萄酒好不好？

答 现在高级的葡萄酒也开始使用旋口瓶盖了。旋口瓶盖的优点在于能够避免瓶塞味（见106页）混入酒中，并拥有优秀的密闭性。虽然还不清楚是否适合长期储存，但用它代替木质瓶塞的厂家的确是多了起来。

旋口瓶盖以澳大利亚和新西兰为首，使用量大大增加。

问 用于发酵和储存的不锈钢酒罐和木桶有何区别?

答 不锈钢酒罐的优点在于气密性很高,并很容易控制温度。为了防止氧化而需要低温发酵的情况,如要求口感轻快新鲜的白葡萄酒就很适合用不锈钢酒罐。

而木桶的特征是透气性好和能够持续供给少量的氧气。另外,木桶和酒的接触过程中还有使葡萄酒中带有木桶的味道。因此,需要长期储存的口感柔滑感,复杂的醇厚型葡萄酒就适合使用木桶。使用木桶时,木材的不同、木桶的新旧也会对味道产生影响。

新桶和旧桶的区别

新桶

新桶的木头香味十分强烈,因此带给葡萄酒的味道也更浓。但是这样一来,木桶味会盖住酒质较轻的酒原本的味道,因此要根据葡萄酒的种类决定使用的方法和时间。

旧桶

起码储存过一次葡萄酒的酒桶就是旧桶。桶香比新桶略淡,适合不需要向葡萄酒中渗入过多木香的情况和要求木桶香味较沉稳的情况。

桶材的不同(橡木的种类)

法国橡木

法国产的橡木具有细腻而有魅力的香味。还有会加强酒质的单宁。法国橡木会给葡萄酒加上香草一般的气味。

美国橡木

美国产的白橡木。香气让人联想到椰子和牛奶糖的感觉。和西班牙里奥哈的葡萄酒搭配很合适。

问 什么是Vieilles Vignes?

答 Vieilles Vignes就是"老树",也就是高龄葡萄树的意思。一般来说,葡萄树的树龄越大收获量越低,但同时也会产出味道更深邃复杂的葡萄。

标签上如果有这样的标识,就是指使用了从老葡萄树上收获的葡萄的意思。

问 什么是瓶塞味?

答 天然瓶塞有时会放出让人不爽的臭味。程度不一,但只要葡萄酒沾上了这个味就糟糕了。产生臭味的原因是制造瓶塞时使用的漂白剂和霉菌发生了反应。闻起来十分刺鼻,像是"潮湿发霉的纸板箱"一样的气味。在饭店如果遇到有瓶塞味的葡萄酒,可以要求店方重新换一瓶。

问 什么叫Full-body和Light-body?

答 葡萄酒喝到口中时的果味、酸味、涩味等各种成分浓缩在一起的就是full-body。反之口感轻快清爽的就是light-body。中间还有一种medium-body。也可以说,full-body的葡萄酒大多适合长期储存,light-body则适合迅速饮用。

问 葡萄酒储存成熟是什么意思?

答 葡萄酒储存于酒瓶中,随着时间的流逝而会逐渐变化,这就是储存成熟。不同品种的葡萄酒成熟的速度不一样,但过程大都是从果味突出的清新状态开始,逐渐被磨去味道的棱角,变得醇厚香浓,香气也变得复杂而华丽。成熟香气中,有蘑菇或松露的味道,还有肥料的味道。但也并非所有葡萄酒都需要储藏成熟。葡萄酒中既有经过成熟后会更添风味的full-body型,也有口感清新明快,需要尽快饮用的类型。

问 可以从酒瓶形状得知葡萄酒的产地吗?

答 仔细观察可以发现,不同产地的酒瓶都有一些传统的样式。其中具有代表性的是肩部线条硬朗的波尔多型和与之成对照的肩部曲线柔和的勃艮第型。此外,阿尔萨斯或是德国、奥地利等地常用高瘦的流线型的笛型酒瓶。德国的弗兰肯地区则使用一种独特的扁圆型的酒瓶(Bocksbeutel)。

Bocksbeutel 笛型 波尔多型 勃艮第型

问 葡萄酒的味道由哪些因素决定?

答 构成葡萄酒独特风味的几大要素分别是,酸味、甜味、涩味(苦味)、酒精和果味。这些因素纷纷释放自己的特色并结合在一起达成平衡的葡萄酒才是好酒。而白葡萄酒的酸味、红葡萄酒的涩味是对葡萄酒的味道起着至关重要的作用的一个因素。

问 葡萄酒年份的好坏是指什么?

答 葡萄酒的年份(Vintage)就是指所使用的葡萄的收获年。葡萄是农作物,所以质量必然会受当年天气的影响。每年的日照时间和气温,什么时候下了多少雨,或是晚春霜冻和冰雹,这样的突发事件都会影响葡萄的成熟质量。而这些特征也都会反映在酿造出来的葡萄酒里。另外,将每个收获年的收成好坏绘制成的图表常被人们称为Vintage Chart。

问 什么是单宁？

答 单宁主要是指来自葡萄的果皮和种子中的涩味成分，对于红酒来说是一个尤其重要的味道因素。好酒不但是让人感觉到涩味，还要表现出成熟葡萄的柔滑味道和储藏成熟后的柔软触感。也可以从木桶（特别是新桶）中提取。

问 葡萄酒开瓶后是不是必须喝完？

答 质量好的新酒开瓶后，直接把瓶塞塞回去放到冰箱中，这样可以继续保存2~3天。有的酒质强、味道浓缩的新酒这样处理以后，第二天还会觉得变得更加可口。但是葡萄酒接触空气后就会被氧化，所以需要保存2~3天以上时，就必须使用能够隔绝空气的方法。在此推荐一种方法，即准备几个小酒瓶把酒倒满至瓶口后再关瓶。或者也可以使用商店里销售的吸出空气的泵和瓶塞的套装。

问 哪些食物不适合搭配葡萄酒？

答 众所周知的一些食物有鲑鱼子和鲱鱼子等鱼卵类。可如果把它们和葡萄酒搭配到一起，难免产生一种腥味。但是凡事都有例外，桑娇维赛的葡萄酒或香槟酒就可以与之搭配。另外，也可以和榨柠檬汁，蛋黄酱，芥末酱混在一起使用。

问 葡萄酒应该怎么倒？

答 倒葡萄酒的窍门是让酒充分接触到空气，使其氧化从而散发出更浓郁的香味，也就是必须抽丝一般地慢慢倾倒。还要注意不能倒满整个酒杯，差不多倒至高脚杯球部的三分之一处即可。这样可以在杯中为香气溢出留出空间，从而更能享受葡萄酒香的乐趣。

第五章

与葡萄酒的
美丽邂逅

Let's find good wine!

要想在商店或餐厅选购到好喝的葡萄酒，
需要知道一些窍门！

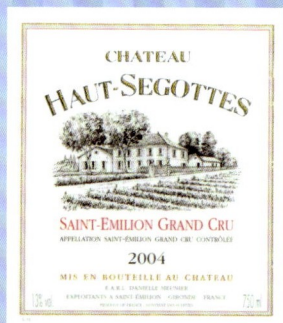

在酒铺

如何买到好喝的葡萄酒

知道几家好的酒铺，是买到好酒的最佳捷径。寻找适合自己的商店吧！

怎样找寻中意的酒铺

葡萄酒的状态十分重要！

首先我们要留心的是，葡萄酒就像生物一样，它的状态也是十分重要的。状态好的葡萄酒生机勃发，能让人感受到它鲜活的个性，状态不好的酒就是另一番模样了。不管葡萄酒的档次如何，都会有这种情况出现。于是我们首先要观察的，就是酒铺里的葡萄酒保存方式，也就是葡萄酒是否得到了妥善的保管。

当然店员也很重要。比如店员能否深入浅出地介绍产品，或是否能耐心地听从我们的要求等。对葡萄酒抱有热情的店员，只要一开口讲话，人们就会被他深深吸引。各家商店也有各自擅长的领域，商品结构有各自的特点，所以在挑选的时候也注意这些商店的个性，选择适合自己的酒铺。

首先要了解的！
保存的大忌
葡萄酒不能接触的东西！！

NG 1 大忌一 **热**

理想状态是保持一定的低温（10～15℃），高温和急剧的温度变化是大忌。

NG 2 大忌二 **光**

要避免阳光（紫外线）或日光灯的直射。最好将酒保存在暗处。

NG 3 大忌三 **干燥**

瓶塞过于干燥就会导致氧化。最好将湿度保持在65%～75%左右。

实体店

其优势在于能够和店员面对面直接交谈。
不要害怕，多多和店员交流吧！

1 葡萄酒是否妥善保管

葡萄酒怕光怕热。有没有地下酒窖，有没有防晒设备百叶窗？架上的葡萄酒是否低温储藏等都是要检查的地方。如果能知道葡萄酒的进货方式就更好了。

2 商品的结构特征和展示方法

各个商店展示葡萄酒的方法可谓千差万别，我们要关注的是店家以什么为分类依据。这是能够体现每家店不同的思路的一点，最好能够直接问一下。

3 有没有能够详细介绍商品的店员

店员能否详细介绍商品的特征。这要求店员不人云亦云，依靠自己组织语言向顾客介绍。当然也不能全是店员自己说，倾听客户的要求也是店员需要做到的。

参加试饮活动的酒都会免费或是打折。有些试饮会还设有主题，更有情趣。

参加一下试饮角或是试饮会吧！

小贴士

一些商店会常设一个试饮角，或是每个周末举行试饮会。这时能够免费或是低价品尝店家推荐的葡萄酒，还可以和店里的人进行进一步交流，可不要错过噢！

111

在线商店

网上购物让你在家也能享受24小时服务。
靠搜索功能也能更快地找到想要的东西。

葡萄酒的质量管理十分重要，这在网上也是一样的。一开始我们就要确认送货方式等一切信息，如包含快递费用的运费，送货的时间和支付方法等。

1 保存方法、送货渠道和运费之类的购买系统。

2 评论中有没有独自试饮后的感想而非夸大其词的好评？

要尽量避免那种简介充满人云亦云或是自卖自夸式的商品（只要比较几种就能知道）。尽量找那些有独自试饮后的评论或是让你觉得诚恳的说明。

仔细观察会发现，网上酒铺也有专卖或是以某个产地、酿造者为主的区别。在这些擅长领域，商店所提供的信息往往也更丰富和新鲜，值得消费者关注并灵活运用。

3 擅长领域和商品结构是怎样的？

小贴士

推荐订阅广告邮件！

为了了解商家的特征和推荐商品的信息，有一种方法就是注册订阅各店的广告邮件。这样可以了解每家店的特色，也能感到商家热情，而其内容也往往十分丰富，包含种种有用的信息。

有无邮件订阅以及邮件的内容都可以先在主页上确认。订阅方法也很简单。

该向店员询问些什么呢？

Please ask me!

在挑选葡萄酒过程中遇到困难的话，不要担心，寻求店员的帮助吧，因为他们一定是最了解自家店所卖的葡萄酒的人。但是要怎么向他们咨询呢？不要把它想得太复杂，本书提供以下几个小建议。

□告知自己的预算
无论哪种价格区间都会有推荐产品，因此先告诉店方你的预算，他们才能向你提供具体的建议。

□告知想要搭配的料理或购买目的
是要与人共饮，还是送人等购买目的，以及要和什么菜肴来搭配，告诉店员这些也会有所帮助。

□告知自己的喜好
如果自己以前喝过的酒有喜欢的品种，那么与之比较着进行说明，就会让人很容易理解。或者是告诉店员自己喜欢什么样的酸味、涩味和酒质。

□让店员给自己出几个选项
与其直接选出一种酒来，不如让店员多列举几种，然后一边听店员说明它们的不同，一边选择。

□变身复读机
只要找到一家中意的酒铺，那么就走进去告诉店员自己的喜好吧！重复多少遍都不会有关系的。

有的葡萄酒背后的标签或贴纸上会有醒目的标识。

什么是冷藏箱？

小知识！

冷藏箱是利用空调设备将内部温度保持在一定水平的集装箱。海上运输葡萄酒时，经常要经过赤道，使用冷藏箱就可以防止高温造成的变质。此外也可以将葡萄酒集装箱装在比较难以受外界气温影响的船底。恒温是运输中的一大关键。

113

如何从标签上读取信息

标记方式各国和各个产地都有不同

　　不习惯葡萄酒标签的人很难读懂上面的信息。各国和各产地的标记方式都不一样。那么怎么办呢？我们要了解标签上都会标识哪些信息，基本上是"酿造者""产地""品种名"和"收获年份"四项。而这些信息是如何组合搭配的，我们按每个产地来进行归纳总结。

标签四大要素

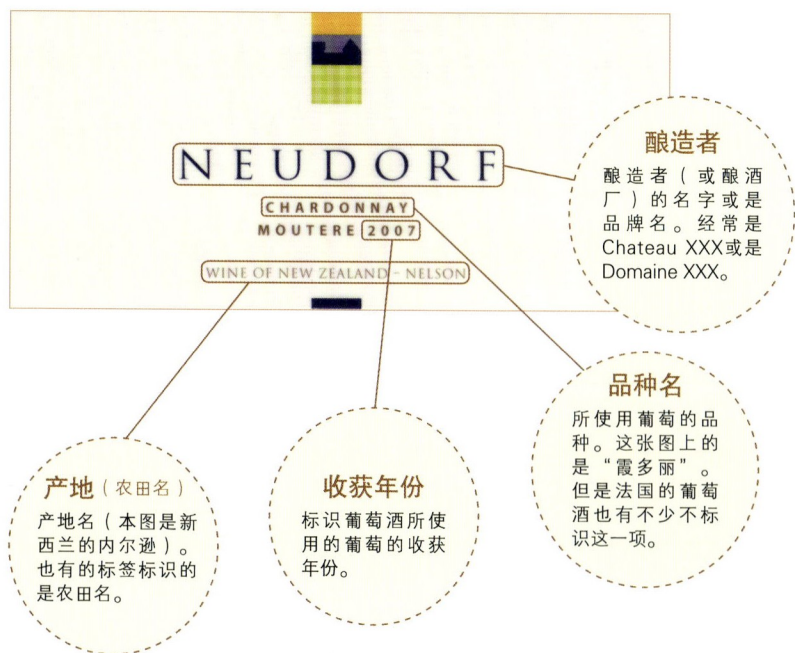

NEUDORF

CHARDONNAY
MOUTERE 2007

WINE OF NEW ZEALAND – NELSON

酿造者
酿造者（或酿酒厂）的名字或是品牌名。经常是Chateau XXX或是Domaine XXX。

品种名
所使用葡萄的品种。这张图上的是"霞多丽"。但是法国的葡萄酒也有不少不标识这一项。

产地（农田名）
产地名（本图是新西兰的内尔逊）。也有的标签标识的是农田名。

收获年份
标识葡萄酒所使用的葡萄的收获年份。

法国的标签 ——————— France

传统上固定标识产地和品种名，而根据AOC法的规定，有些标签上不标识品种名。另外，标签的标识方法也因产地不同而有多种模式。

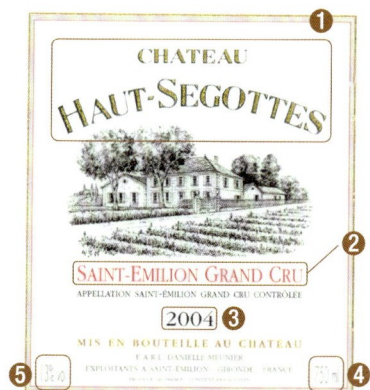

波尔多
Bordeaux

波尔多的酒庄生产的葡萄酒，基本上是把酿造者名（即酒庄名）直接用于酒名。因此波尔多的标识方法是酿造者名最大，接下来是产地（AOC），然后是收获年份。

❶ 酒名＝酿造者名（Chateau名） CHATEAU HAUT-SEGOTTES
❷ AOC名（产地名） Saint-Emillion Grand Cru
❸ 收获年   ❹ 净含量   ❺ 酒精度

勃艮第
Bourgogne

勃艮第地区的葡萄酒常以产地或农田(AOC)名为名。Grand Cru级的酒甚至会省略村名而只标识农田名。但是常有同一片农田（葡萄酒名）分属于不同的酿造者的情况，所以需要和酿造者结合着看。

❶ 酒名＝AOC名（产地名）[意为Vosne-Romanee村的一级田Les Detits Monts（的葡萄酒）]
❷ 酿造者名（Domaine名）Domaine Francois Gerbet   ❸ 净含量   ❹ 酒精度

意大利的标签 ——————————— Italy

意大利葡萄酒的命名方法大体可以分为两类：一类是依照DOC法（即葡萄酒法）根据产地来命名；第二种是不受葡萄酒法约束，可以自由起名，基本上葡萄采用的是独立的品牌名。左图是前者。

❶ 酿造者（酿酒厂）名
Buondonno
❷ 葡萄酒名 = DOCG名
Chianti Classico
❸ 收获年
❹ 净含量　　❺ 酒精度
❻ 农场名

这是另一种模式的例图。这种酒的品牌叫做"Ornellaia"

德国的标签 ——————————— Germany

德国的葡萄酒命名特征是，除了生产地，标签上还会标注使用的葡萄品种。此外还会标注生产地区、农田名、质量等级、品级和甜度标识等。由于标签上的信息量过大反而不太好懂，因此近几年有简化标签的趋势。

❶ 酿造者（酿酒厂）名
DR.Loosen
❷ 收获年
❸ 葡萄酒名 = 产地名
Wehlener Sonnenuhr（摩泽尔地区）
❹ 品种名 + 品级
使用雷司令葡萄
❺ 酒精度
❻ 生产地区的标识
Mosel Saar Ruwer
❼ 净含量

新世界地区的标签 —— New World

人们将生产葡萄酒历史较短的新兴国家称为新世界。新世界的高级葡萄酒标识基本上都会标注品种名和酿造者名。最近也有不少厂家开始在生产地区上加上农田名（XXX Vineyard）。左图为美国葡萄酒。

❶ 酿造者名（酿酒厂名）
Silverado Vineyard
❷ 品牌名（SOLO）
❸ 收获年
❹ 品种名　赤霞珠
❺ 产地名
纳帕谷/Stag Leap产区

当然，新世界的混搭葡萄酒也不标注品种名。标签上大多只写独立的品牌名（也可加酿造者名）。

葡萄酒命名的两大类型

欧洲（传统国家）
产地名·农田名（AOC名等）+酿造者名
例如：古贝尔酒庄罗讷红葡萄酒（Cotes du Rhone / Domaine Les Goubert）

新世界（新兴国家）
酿造者名+葡萄品种名（黑品乐等）
例如：Staete Landt / Sauvingon Blanc

在传统国家（欧洲），因为各个产地都有明确的特色，所以产地名就直接沿用到酒名上，酿造者名属于附属信息。而品种名则被认为是不言而喻的信息，因此经常不被标识。与此相对，新世界（新兴国家）标识葡萄品种名和酿造者名彰显着葡萄酒的个性。如何喝到好喝的葡萄酒？在饭店和酒吧应该点什么葡萄酒呢？喝酒有怎样的礼仪要求呢？本书收集了这些需要注意的问题。

在餐厅

如何买到好喝的葡萄酒

知道几家好的酒铺，是买到好酒的最佳捷径。想喝到美酒，还得知道一些餐厅点酒的知识，我们一起来看看吧！

在餐厅饮用葡萄酒

问 有哪些店可以喝到葡萄酒呢？

答

□**饭店**

法式西餐或意大利餐店等经营正餐的西餐厅，一般都要预约，店里也会有侍酒师。

□**酒馆**

比起饭店来，酒馆定位更休闲一些，不拘泥于形式，能够让人更放松地享受美食。

□**酒吧**

基本上是专门用来喝酒的地方，但也有能够搭配红酒的食品。只用一只玻璃杯就能品尝到各种美味的葡萄酒。

有许多类型的餐厅！

问 **每次要点菜都有点紧张怎么办？**

享用餐前酒吧！

答 　推荐您先点一杯餐前酒，然后再慢慢决定要吃什么。在饭店选择要享用的酒水和食品的过程也是一种享受。餐前酒推荐点发泡葡萄酒，或是听从饭店的推荐。

问 **店酒是什么？**

答 　店酒是指这家店特别推荐，用玻璃杯喝的葡萄酒，几乎每一种性价比都很高。从店酒的设计也可以看出这家店的格调和品位。

问 **应该如何和侍酒师讨论葡萄酒的问题？**

答 　告诉侍酒师已点的菜肴和大致预算的话，他们会马上想到几个符合要求的建议。然后重要的就是，将自己的喜好告知侍酒师。比如自己是喜欢酒质轻的还是重的，喜欢果味的还是喜欢干葡萄酒，等等。待侍酒师给出几个选项，再从中挑选即可。

让侍酒师为你提供几个选择吧！

119

问 应该怎样告诉对方自己的预算？

灵活使用酒水单！

答 　　直接告知价格不是件容易的事。有一个聪明的方法推荐使用，只要指着酒水单上和自己希望的价格差不多的那一款说"请给我推荐一些这样的酒"，侍酒师就明白了。

问 应该如何试酒？

答 　　试酒的目的一是检查侍者所呈上的葡萄酒是不是点的那一种，二是检查葡萄酒的质量有没有问题。所以从侍酒师手中接过葡萄酒后，首先是检查瓶上的标签，然后将酒注入杯中观察其色泽和香气，含在口中确认其味道。（详细方法请参照第131页）

问 试酒时如果觉得不合自己口味能否退换？

答 　　正如上一问所说，试酒的目的在于确认葡萄酒有否变质、状态是否良好的一项步骤。如果品质上有明显问题，那么店方会将完好无损的另一瓶拿来更换，但如果只是口味不合，是不能退换的。

只有质量上发现有问题才可以换一瓶新的！

MANNERS

礼节篇

问 酒杯空了应该由谁来倒酒？

答　要记住，饭店里葡萄酒都是店方的人来倒的，所以即使自己的杯子空了，也不要亲自动手倒酒（极其放松的餐厅除外）。店员为你倒酒时，也不用拿起酒杯，放在餐桌上即可。另外，在聚会等场合倒酒时，男性为女性倒酒也是通常的礼仪。

> 葡萄酒由
> 饭店的人来倒。

问 葡萄酒杯该怎么拿？

答　虽然没有严格的规定，但基本上都应该拿葡萄酒杯细长的杯脚部位。这是为了避免手的热度使酒的温度上升。

问 干杯时有何礼节？

答　由于葡萄酒杯大多纤细易磨损又易碎，所以绝不可以两只玻璃杯互相碰撞，这一点要牢记。聪明的做法是干杯时略抬起酒杯，目光交汇来完成干杯致意的过程。

> 略微举起酒杯
> ＋
> 眼神交流！

121

问 作为聚餐主办者应该注意哪些方面？

答 成功举行一次聚餐的关键在预约。要告诉店方聚餐的目的是什么，是与家人的重要纪念日，还是和伙伴开怀畅饮的酒会，等等。如果能够事前告诉店家自己的预算和对葡萄酒的喜好就更好了。店方了解情况后，会积极做出安排，并为你提前选好葡萄酒。这样就不用到时候慌慌张张了。

预约的方法真的很重要！

问 可以带自己的酒到店里吗？

答 有些店允许自带酒水，有些店则不允许，所以需要事先进行确认。另外不要忘记，一般饭店每瓶酒都会收取一定的开瓶费，预约时也要确认这方面的价钱。而为了店家考虑，带去的酒不全喝完，给店里留一些，也是常有的做法。

事前要认真地确认！

问 可以把标签带回家吗？

答 有些饭店可以根据客人的要求取下葡萄酒的标签，有时还会另外贴上专用的贴纸让客人带回家。如果是纪念日饮酒或是饮用一些有纪念意义的酒时，可以先向店方询问是否可以撕下标签。撕下标签，虽然享受不到相应的服务，但可以把喝完之后的酒瓶带回家。想要酒瓶，也要事先就和店方商议好。

一开始就询问吧！

第六章

享受葡萄酒的乐趣

Let's enjoy wine!

抛开一切，打开酒瓶，在家中享受葡萄酒吧！
我们在此向您介绍一些相关的实用的知识。

掌握正确的开瓶方法

把螺旋钻笔直地旋至根部

只要掌握一个小窍门，打开软木塞就不再是难事。在开瓶过程中往往是酒瓶没打开，软木塞倒先碎了。这是因为人们往往还没把开瓶器上的螺旋钻转到底就开始用力拔了，而软木塞的中部是很容易碎的。所以，首先我们要保证螺旋钻完整地钻到了瓶塞根部。而想要笔直地把钻子钻进去，只要先把钻头的针对准瓶塞中心，然后垂直地转动螺旋钻即可。

侍酒刀的构造

开瓶钩。把钩子抵住瓶口然后握住把手往上提，利用杠杆原理开瓶。有的钩子会被设计成双层结构。

螺旋钻。螺旋的部分要挑选线条流畅而不过于粗大的那种。

小刀。用于切开、撕下瓶盖上的封条。

其他类型的螺旋钻

开瓶器还有许多其他类型。初学者推荐使用杠杆式开瓶器。

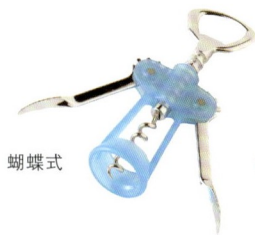
蝴蝶式

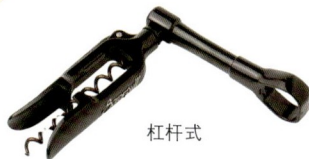
杠杆式

用小刀抵住瓶口的细处，环切一周后纵向切开，然后向上褪去瓶塞贴纸。

用侍酒刀一端的钩子勾起瓶塞的边缘，握住侍酒刀的把手缓慢提起，利用杠杆原理撬出瓶塞。

用手指抵住螺旋钻，首先将螺旋钻平放，将其尖端的刺针扎入木塞中央，然后竖起螺旋钻笔直地向下钻。

缓慢地把瓶塞拉出，直到杠杆的力量用尽。之后也不能一口气把瓶塞拔出，而是要留下5～10毫米。

旋转侍酒刀时避免用力过大，将螺旋钻钻至底部。

最后用拇指和食指捏住瓶塞，轻轻地前后晃动着轻柔地取出瓶塞。这时要注意一些，因为有年头的瓶塞会非常脆。

如何打开发泡葡萄酒

如果瓶口贴纸有开封部位，那就从那里撕开，没有的话就用侍酒刀先切开贴纸再撕下。

解完铁丝后，要用惯用手的大拇指捏住瓶塞，另一只手托住瓶底，缓缓地旋转酒瓶让瓶塞松动，这也是防止由于瓶内气压较大而使瓶塞飞出。

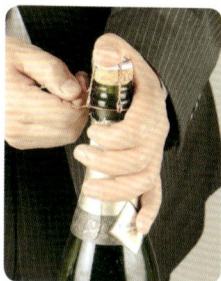

为了防止瓶塞飞出，在解开铁丝的时候，左手大拇指要紧紧按住瓶塞。

瓶内气压会自动将瓶塞顶开，而手要配合着平缓地放气、拔塞。这时如果直接把酒瓶竖起来，瓶中的酒会喷射而出，因此要等气体释放完毕。

打开发泡葡萄酒之前要先冷藏

发泡葡萄酒或白葡萄酒，开瓶前要冷却到合适的温度（见127页）。右图就是十分方便的冰镇葡萄酒工具——冷酒器。在桶中放入冰块和水，没至瓶身上部，大约一分钟就可以下降1℃，这样直至合适的温度。

找到合适的饮酒温度

葡萄酒
的饮用温度

酒质很强的红葡萄酒
● 16～18℃※
高级的红葡萄酒。波尔多的标准是16℃，勃艮第的标准是18℃。

芳香醇厚的白葡萄酒
● 12～14℃※
口感醇厚，并且酸味饱满的白葡萄酒不适合过于冷却。

酒质较轻的红葡萄酒
● 12～15℃※
如博若莱的酒和卢瓦尔的酒这些酒质较轻的酒，需要适当冷却。

轻快的干白葡萄酒和桃红葡萄酒
●● 17～10℃※
新鲜，果味十足或是酸味爽快的白葡萄酒要冷却到10℃以下。桃红酒也一样。

香槟等发泡葡萄酒
● 4～8℃※
4℃适合糖度较大的酒，一般的酒到8℃即可。而储藏成熟的高级品要更高一些，如12～15℃。

※冷却的基本方法需配合酒的酒质：轻快型的就要多冷却一些，厚重型的温度就要略高一些。

酒给人的印象会随着温度不同而焕然一新

要品尝葡萄酒的美味，是有专门的"适温"的。红葡萄酒的特点是香味丰富而复杂，但如果冷却过度，香气就会一点也散不开。而白葡萄酒的特点是爽快而清澈，温度过高就会口感全失。品酒要能注意到温度的话，那就算是入门的行家了。整体上来说，温度下降果味会提升，温度上升酒质和味道的复杂程度会加强。此外，形成红葡萄酒的涩味的单宁也需要稍高的温度，这样才有圆润的口感。饮用时请务必记得每种酒不同的适温。

127

酒杯带来的不同香气

万能型

杯肚部分有一定的容量，体型保持瘦长，瓶口收缩。适合无论红白，酒质中等的葡萄酒。初学者使用这种杯子是很方便的。

【容量370ml】

波尔多型

酒杯设计能够使酒液缓慢流入口中，并加强果味，削弱苦味。适合带有适度酸味和单宁感较强，口感深邃的波尔多红酒。

【容量610ml】

勃艮第型

巨大的杯肚中包含葡萄酒风味，勃艮第酒杯能够加强果味和甜味，并抑制酸味。适合酸味丰富，含有一定量单宁的风味浓厚的黑品乐酒。

【容量700ml】

用不同的杯子，葡萄酒的味道也会变化

葡萄酒的味道也会随着杯子的不同而不同。只要选择搭配合适的葡萄酒杯，就能更加细致地感受到葡萄酒的香气和风味，从而更好地享受葡萄酒的乐趣。葡萄酒杯的基本要求是无色透明以便鉴赏色泽，形状是瓶口收缩的郁金香形。接触嘴部的玻璃边缘要求较薄。倒酒一般倒到杯肚的三分之一处，上方留出空间聚拢葡萄酒的香气。赶紧拿一个试试吧！

还有这样的玻璃杯！

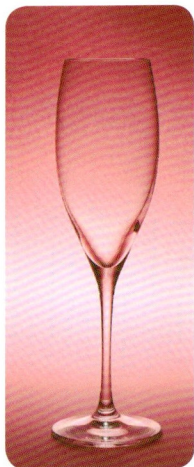

香槟型

香槟酒杯的细长型设计突显了香槟酒中美轮美奂的气泡，并让人的舌尖感受气泡带来的愉悦。而细窄的杯肚能够释放酒中的风味。
【容量230ml】

试饮杯

试饮也有专门规格的酒杯。容量是215ml（偏差不超过10ml），材料为水晶玻璃。

什么叫过酒

过酒就是把葡萄酒从瓶里转移到名为醒酒瓶的步骤。其目的之一是让酒质较轻风味尚未散发的葡萄酒接触空气，使其香气更为发散。不过香气发散是需要时间的，这道工序对涩味浓重的红葡萄酒来说，尤为有效。

一开始先倒入少量葡萄酒，并转动瓶身，润泽醒酒瓶。

倒酒时让葡萄酒像在瓶壁上形成一层膜一般，缓慢注入。

细细品尝美酒的味道

倾听葡萄酒的声音

　　一般情况下，品酒的目的主要有两种：一种是检查葡萄酒的状态是否健全，如在饭店进行的试酒；另一个目的是通过确认葡萄酒的外观、香气和味道，形成一个对这种酒的个性的全面认识。这两者所使用的基本方法是相同的。虽然一开始学习品酒会觉得有一定难度，但习惯之后就可以能深入地了解葡萄酒，提高饮用时的享受程度。葡萄品种的特性、产地条件不同、生产规模大小、口味复杂程度和成熟度所带来的变化等等，都是品酒时葡萄酒向人们所传达的信息。

□ 玻璃杯的持法

拿葡萄酒杯时，为了不使葡萄酒受热要拿在杯脚处。品酒时如果手持的位置更靠近杯座会更容易操作。

□ 观察酒面的色泽

如图将酒杯倾斜，形成的椭圆形液面就是酒面。从中央到边缘会呈渐变色，可以从中观察其微妙的颜色差异和浓淡等信息。

□ 摇晃酒杯

来回晃动酒杯，使杯中的葡萄酒接触空气，并使酒体挂在杯壁上，可以从酒杯内壁释放出更多香气。

品酒的顺序和要点

观色

色

首先倾斜玻璃杯，确认酒的色泽、色调和澄清度。然后竖直酒杯，观察附着在杯壁上的酒液滑落的情况来判断其黏性。

从颜色中可以知道什么？

从颜色中我们可以看出葡萄受到了多少日照（产地的气候等）和葡萄本身的成熟程度。颜色较深味道也较浓，颜色较淡味道就会偏轻快。

闻香

香

将酒杯缓缓靠近鼻子，嗅其酒香。然后摇晃酒杯让香气充分发散后再闻。假如闻多了酒味鼻子麻木了，就再闻一下自己身上的味道恢复一下。

闻香时要注意哪些方面？

葡萄酒的香味有果味、有花香、香草味、蘑菇味、辣椒味、动物的味和烧肉味，还有矿物质味等等。闻香时，不仅要关注是什么味道，还要注意体会酒的内涵和平衡度。

尝味

味

在口中含一口酒，并使酒液接触到口腔的每一个角落，来品尝葡萄酒的味道。然后微微张口吸入一点空气，这样可以体会到酒液在口腔里散发出的香气。

尝味时要确认哪些地方？

主要检查酸味和涩味（特别是红酒）的质量和内涵，果味和接触舌头的触感，以及葡萄酒整体的感觉。要综合入口的第一印象、中段的变化和余韵的时长进行整体判断。

131

学会与菜肴
巧妙搭配

合理地搭配葡萄酒和食物，能够大大增加饮用时的乐趣。
现在让我们来学习一些搭配的秘诀吧。

肉类和葡萄酒
怎样搭配?

炙烤或使用奶油的猪肉、鸡肉料理，可以搭配以霞多丽；而脂肪较厚、用酱较浓的牛肉和羊羔肉，则可以搭配赤霞珠。这是一种用颜色标准来搭配的方法，除此以外还有以嚼劲和口感来区分的方法。如肉质厚实需要长时间咀嚼的肉就可以搭配单宁丰富的红葡萄酒，鲜嫩得入口即化的肉就可以搭配酒质较厚的白葡萄酒或较新鲜的红葡萄酒。

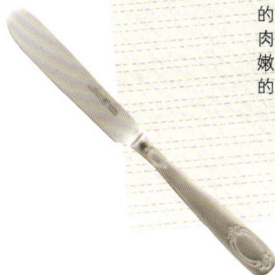

食品搭配的基础❶

颜色要搭调

虽然有的说法要求把料理和葡萄酒的口味轻重调和起来，但我还是推荐诸位以颜色为标准进行搭配。肉类中鸡肉或鸭肉被称为白肉，而牛羊肉、鹿肉、猪肉则是红肉，鱼肉中也有白肉和红肉之分。另外浇在肉上的酱汁也有红色和白色之分……于是白色的料理或酱汁就搭配白葡萄酒，红色的就搭配红葡萄酒。但也不能是单纯的红白两色，搭配时如果能照顾到中间色，那就堪称完美了!

鱼类和葡萄酒
怎么搭配?

虽然鱼类似乎很自然地就应该和白葡萄酒搭配,
但鱼肉中也有金枪鱼、鲣鱼、鲑鱼等红色肉质,
适合和红葡萄酒搭配的种类。这时候只要使用单
宁适度的红葡萄酒就可以。不但能搭配刚才那
些,还能够和秋刀鱼、鳗鱼等一起食用。而要搭
配白葡萄酒就需要注意菜肴的做法了。白葡萄酒
适合那些新鲜的略带甜味的菜,而如果是有些辣
味的料理的话推荐搭配桃红葡萄酒。

蔬菜和葡萄酒
怎么搭配?

有些苦味的色拉一类的食品可以搭配富有香草味
的白葡萄酒和发泡葡萄酒,也可以和口感清爽的
红葡萄酒搭配。菜、肉、浓汤这样的菜式,就可
以配上阿尔萨斯的白葡萄酒。黄油炒芦笋一类的
菜配醇香的白葡萄酒,使用了橄榄油或香辛料就
搭配爽口的白葡萄酒或桃红葡萄酒吧。

食品搭配的基础❷

加强成熟感和个性

还有一种方法就是按料理和食物材料的成熟感和个
性来选择葡萄酒的搭配。比如新鲜的奶酪就要搭配
新鲜的葡萄酒,成熟的奶酪就要搭配成熟的葡萄
酒。成熟后香气迷人的蘑菇就是其中典范。而个性
较强的食材有绿头鸭、野生鹿肉和鹧鸪肉等野味。
这些肉类香气浓郁,需要和生姜、酱油一起料理,
因此适合那种同样香气强烈、成熟的葡萄酒。

Fresh!

or

Matured!

怎样使用调味料?

正确使用调味料能够促进葡萄酒和食品的融洽程度。例如，白肉鱼的生鱼片配上柠檬、食盐和橄榄油，就很适合搭配柑橘香的白葡萄酒，而配上香蒜酱和橄榄油就适合搭配意大利的红葡萄酒。红肉鱼就可以用酱油和红酒混合的调味料再搭配红葡萄酒。而做成海带卷的生鱼片就可以搭配储存成熟后的香槟酒。

当地的料理 + 当地的葡萄酒

当地料理和当地葡萄酒往往有当地传统的搭配方法，有必要了解并记住。著名的例子有烤羊羔搭配波尔多的红葡萄酒，马赛鱼汤搭配普罗旺斯的白葡萄酒或桃红酒等等。同样还有意大利北部的黄油较多的料理和中南部常用橄榄油的菜式，也都是和当地的葡萄酒才能搭配得天衣无缝。

食品搭配的基础❸

配合当日的心情

葡萄酒的魅力在于它可以搭配生活方式，使人调动所有感官一起享用。在此要推荐的是配合当天的心情的葡萄酒搭配法。比如神清气爽时就喝一些冰镇麝香葡萄酒，吃新鲜的海鲜。再奢侈一点的话，就喝上年头的波尔多酒，经过沉淀后的香气越发怡情，然后在口味浓郁的菜里加几片松露。而假如你们第一次干杯时就喝香槟，那么一整天都会拥有好心情。

爽口

辛辣的料理和葡萄酒
怎么搭配？

常用香辛料的中餐和口味偏辣的民族风料理适合一些个性丰富的葡萄酒。如香气华丽口感醇厚的格乌兹莱尼，还有带一点野性的香草风的歌海纳的红葡萄酒等。此外还可以搭配口味较干，不会被菜肴的味道压下去的桃红和雪利酒。

把喝的葡萄酒同时用来
做菜

家庭葡萄酒搭配的另一招就是直接用葡萄酒做菜。这样料理和葡萄酒的组合就能更加迷人。众所周知，肉类的酱汁和煮肉中都可以使用葡萄酒，而日式料理的增味酒也可以尝试用葡萄酒来代替一般使用的日本酒。酱油或者味噌中加入少量红酒一起煮或是照烧（日本烹饪方法，通常在烧烤肉品的过程中，外层涂抹大量酱油、糖水、大蒜、姜与清酒）皆可。而炒蔬菜、炒蘑菇之类的当然也完全可以用葡萄酒。

有没有任何菜都能
配的万能葡萄酒？

任何菜都能配的万能葡萄酒的代表是口感偏干的发泡葡萄酒。如果能配合好当日菜肴的量，那么一整套正餐只用一种酒也是可以的。此外干桃红葡萄酒的搭配范围也很广泛，无论是海鲜还是口味清淡的肉类，甚至中餐都可以使用。桑娇维赛葡萄的红酒也是与鱼子和海鲜配合融洽的一种葡萄酒。

食品搭配的基础❹

最近家常菜也经常是日式西式混搭，所以配酒时要决定搭配菜肴的哪一方面。因此这时就推荐能够包容各种料理的意大利葡萄酒。如果是纯粹的日式食物就要首先考虑口感的细腻、好喝的类型。炸得酥脆的天妇罗就要搭配酸味不太厉害、不油不腻、口感干脆的酒，如普罗旺斯白葡萄酒等。而嚼劲十足的煮菜就要用阿尔萨斯的黑品乐。咀嚼时蔬菜和葡萄酒的自然香甜气息会混合在一起，可谓是绝顶的享受。

shaki !
Hoku !

阿尔萨斯
的白品乐

葡萄酒与菜肴搭配表 🍴

这张表是您每日搭配的小贴士！（每个人都有各不同的口味，此表仅供参考）

搭配红葡萄酒

除了美味的肉类，还适合搭配红肉鱼以及使用酱油和味噌的日式料理。

固定搭配

烤羊羔	⬌	波尔多左岸
沙朗牛排	⬌	赤霞珠（波尔多）
葡萄酒煮牛肉	⬌	黑品乐
红酒煮鸡肉	⬌	勃艮第的黑品乐
煮羊羔	⬌	罗讷省南部
野味类	⬌	法国南部口感辛辣的红酒（西拉子）
豆焖肉	⬌	朗基多克的红葡萄酒
油封鸭	⬌	西南地区的红葡萄酒
鹅肝酱	⬌	朱朗松
蜂窝牛肚煮土豆	⬌	桑娇维赛
白松露	⬌	巴罗洛酒和巴巴瑞斯可酒 ※香气浓郁的红葡萄酒，如黑品乐

日常菜品

照烧鸡肉	⬌	黑品乐、梅洛
牡蛎酱炒排骨	⬌	Côtes du Rhône
烧烤羊排	⬌	朗基多克的口感辛辣的红酒 ※仙粉黛亦可
烤肉（韩式烤肉）	⬌	科西嘉岛的红酒（桑娇维赛）
蔬菜杂烩	⬌	意大利的轻快红酒
青椒肉丝	⬌	Saumur Champigny（品丽珠）
麻婆豆腐	⬌	南法的西拉子
汉堡肉饼（半釉汁）	⬌	佳美葡萄（博若莱）
意面（番茄酱系列）	⬌	桑娇维赛或黑达沃拉
土豆煮海鲜	⬌	意大利的轻快红酒

日式菜品

酱油拌鲣鱼	⬌	黑品乐
烤秋刀鱼 ※特别是用橄榄油或香脂烤的	⬌	（带土味的）黑品乐
红酱烤鲭鱼	⬌	（带果味的）黑品乐
烤鳗鱼/香脂拌烤鳗	⬌	黑品乐、佳美
味噌煮白肉鱼	⬌	口感轻快的波尔多酒
天妇罗	⬌	里奥哈的添帕尼优
芋头煮乌贼	⬌	麝香·贝利A、博若莱
寿喜烧	⬌	新西兰的黑品乐
煮下水	⬌	南法的歌海纳
猪肉蘑菇火锅	⬌	勃艮第的黑品乐
猪排（带酱）	⬌	南法的歌海纳

本书为您收集了从固定搭配到随意搭配的各种搭配系列。

搭配白葡萄酒

根据新鲜爽口的料理或口感丰厚的料理，并配合葡萄酒的酸味和酒质进行挑选。

固定搭配

生蚝	➡ 麝香葡萄 ※夏布利或波尔多品种
贝类	➡ 勃艮第的高级白葡萄酒
猪肉香肠	➡ 卢瓦尔地区的白诗南（干白）
烤白肉鱼配法式奶油酱	➡ 麝香葡萄
德国酸菜（腌卷心菜煮、蒸猪肉）	➡ 阿尔萨斯的白葡萄酒
菜肉浓汤	➡ 阿尔萨斯或澳大利亚的白葡萄酒
马赛鱼汤	➡ 普罗旺斯的白葡萄酒 ※桃红酒亦可
烟熏鲑鱼	➡ 卢瓦尔地区的品丽珠
黄油煎白肉鱼	➡ 霞多丽
龙虾配美式虾酱	➡ 高级霞多丽
意式鱼菜汁	➡ Gavi（意大利白葡萄酒）※干雪利酒亦可

日常料理

鱼肉做的白汁红肉	➡ 富有矿物质感爽口的白葡萄酒 ※如索瓦、白诗南、雷令令等
盐烤河鱼	➡ 绿维特利纳
奶油酱仔鸡	➡ 味道浓厚的霞多丽
香草面包屑烤鸡	➡ 罗讷省的白葡萄酒（胡珊）
炒猪肉	➡ 热带风味的霞多丽
白肠（添加了芥末酱的）	➡ 德国的雷司令
白芦笋	➡ 品丽珠
奶油土豆饼	➡ 加利福尼亚的霞多丽
卤汁章鱼（大蒜、橄榄油味）	➡ 意大利南部的白葡萄酒
咖喱扇贝	➡ 孔德里欧（维欧尼）
意大利面（奶油型）	➡ 法国马孔酒（霞多丽）※口感饱满的意大利白葡萄酒亦可
奶油烤菜	➡ 霞多丽、卢珊葡萄酒

日式料理

烤鱼+酢橘或橄榄油	➡ 品丽珠
马鲭鱼寿司	➡ 甲州（干葡萄酒）
使用芥末的料理	➡ 甲州（干葡萄酒）
蛤蜊拌蔬菜	➡ 波尔多的白葡萄酒
牡蛎豆腐（拌海带汁）	➡ 夏布利
金枪鱼大葱火锅	➡ 夏布利（矿物质感的干葡萄酒）
涮猪肉（橙醋）	➡ 灰品乐
博多煮	➡ 拥有华丽酸味的德国雷司令
烤鸡肝串（含酱）	➡ 白诗南（中甜）
冬季蔬菜乱炖	➡ 阿尔萨斯的白品乐
炸樱虾	➡ 索瓦
天妇罗（盐）	➡ 普罗旺斯的白葡萄酒

搭配桃红葡萄酒、发泡葡萄酒和甜葡萄酒

事实上桃红酒和发泡酒适合许多种类的食物，一定要亲自品尝一下。

适合搭配桃红葡萄酒的料理

香草烤鸡腿肉	※歌海纳的桃红酒
西班牙海鲜饭	※南法或西班牙的桃红酒
马赛鱼汤	※南法或西班牙的桃红酒
煮夏季蔬菜	※普罗旺斯的干桃红酒
蔬菜烤剑鱼	※也适合搭配烤鲑鱼
烧烤	※仙粉黛的白葡萄酒
烤鸡肉串	※适合所有桃红酒
关东煮	※适合搭配鱼贝类
饺子	※最好将酒冷却后饮用
辣椒虾	※味道较浓的桃红酒
希腊风格的三明治	※如羊肉和蔬菜、皮塔面包的三明治
尼斯风格的色拉	※包含黑橄榄、凤尾鱼、土豆和煮鸡蛋
民族风海鲜色拉	※也适合很辣的食物
咖喱（椰奶风味）	

适合搭配发泡葡萄酒的料理

腌烤蔬菜	※白葡萄酿造的发泡酒（如香槟）
意式海鲜乱炖	※日本真鲈、鲷鱼、鲽鱼等
关东煮	※香槟
壶蒸松茸	※香槟
海鳗料理	※白葡萄酿造的发泡酒（如香槟）
真鲷海带卷	※香槟
白松露	※成熟的香槟
上等河豚子（加橙醋或油炸）	※香槟
炭烧阿拉斯加帝王蟹	※香槟
手卷寿司	※香槟等发泡干葡萄酒
炸鸡块	※卡瓦等发泡干葡萄酒
盐烤秋刀鱼	※香槟
卷心菜包	※桃红酒和发泡酒皆可
香槟酱拌鸡肉或扇贝	※香槟

适合搭配甜葡萄酒的料理

蓝纹乳酪 ➡ 搭配苏特恩白葡萄甜酒	
巧克力 ➡ 搭配巴纽尔斯酒	
炒鹅肝或鹅肝砂锅	※甜白葡萄酒皆可
煮动物内脏	※卢瓦尔地区的中甜白诗南
辛辣的民族料理	※阿尔萨斯的中甜格乌兹莱尼等
奶油炖菜	※摩泽尔地区中甜葡萄酒等
法式乳蛋饼或猪排三明治	※摩泽尔地区中甜葡萄酒等
水果馅饼或果盘	※使用麝香葡萄的甜葡萄酒
梨或白桃的点心	※甜发泡葡萄酒

简单而广泛适用的开胃菜单

本书为您收集了不论红白都能很好搭配，做法又简单的开胃菜。

熟肉酱	※使用猪肉或鲑鱼肉、鸭肉等，并煮至酱状
橄榄	※可以生食也可以腌制
蒜末烤面包	※烤面包＋大蒜＋橄榄油＋其他配料
法式橄榄酱	※橄榄酱＋大蒜＋凤尾鱼
鹰嘴豆蘸酱	
土豆炒凤尾鱼	
盐烤鸡鸭肫	
油煮蘑菇	※也可以是辣味的
扇贝蘸塔塔酱	※蝾螺或虾夷贝可也
腌金枪鱼肉	
腌辣竹荚鱼	
生火腿	※配以牛油果或奶酪、水果等
卡布里沙拉	※意大利白干酪＋土豆＋香蒜酱
葡萄酒蒸蛤蜊	※使用清爽的葡萄酒
炸薯条	※使用香草盐
干果	※配合奶油酱等酱料

搭配酱料、调料小贴士

搭配食品和葡萄酒时，也可以以菜肴所使用的调料为基准！

撒柠檬汁、橙醋或盐的类型	➡柑橘系，口感清爽的白葡萄酒
使用奶油或黄油的料理	➡霞多丽、雷司令、白品乐等
使用橄榄油或大蒜的料理	➡地中海沿岸地区的葡萄酒
香草鸡等	➡清爽新鲜的白葡萄酒 口感轻快的桃红酒（歌海纳等）
黄油白沙司混合了酸味较浓的白葡萄酒、青葱花和黄油的简易酱料	➡使用麝香葡萄的酸味较浓的白葡萄酒等
番茄浓汁（煮）	➡新鲜而富有酸味的红葡萄酒
香脂醋或黑醋	➡使用黑品乐等品种的红葡萄酒
香料烤肉	➡口感辛辣的红葡萄酒 （西拉子、歌海纳、慕尔韦度等）
香橙酱（或蜂蜜）烤鸭等	➡罗讷南部的红酒，较浓厚的黑品乐
美式虾酱 使用甲壳类制作的红色酱料	➡味道浓重的霞多丽
日式酱汁（鲣鱼、海带等）	➡口感细腻的黑品乐 ➡香槟

奶酪和葡萄酒

奶酪和葡萄酒的搭配度超高，搭配时注意奶酪的香气和口感以及成熟度，
并了解奶酪的种类的话就万事大吉！

鲜奶酪

这种奶酪在牛奶凝结去除水分后完成，不再储藏成熟，属于新鲜型。特征是口感温和爽朗，可以任意搭配。

例如

意大利白干酪、意大利乳清干酪和奶油乳酪

合适的葡萄酒

轻快新鲜的葡萄酒，也可搭配发泡酒。

香草蒜香奶酪卷

山羊奶酪

使用山羊奶制作的奶酪。特征是其特有的酸味和在舌尖融化般的触感。成熟度不同，味道也有变化。

例如

法隆赛、哥洛亭达沙维翁等

合适的葡萄酒

卢瓦尔的干白或干红，如桑塞尔和希农地区的产品。

都兰山羊奶酪

白徽奶酪

白徽覆盖奶酪的表面，并帮助奶酪成熟。口感温和如奶油一般，味道也相当醇香。

例如

喀曼波特、布利干酪和查尔斯奶酪等

合适的葡萄酒

果味十足的红酒或香槟。以及成熟后的高级红酒。

布利干酪

洗浸奶酪

表面用盐水或当地的葡萄酒清洗后，待其成熟，就得到了香气浓郁而有特色，口感柔软的洗浸奶酪。

例如

曼斯特、伊泊斯芝士、朗格勒乳酪等。

合适的葡萄酒

产地一致的，如勃艮第的红酒或巴罗洛等。

勃艮第伊泊斯芝士

蓝纹奶酪

在奶酪内部繁殖青霉，使奶酪成熟。这种奶酪盐分较大，味道很有特点。一般使用牛奶或羊奶为原料。

例如

洛克福、戈根索拉、蓝史蒂顿等

合适的葡萄酒

酒质强劲的红酒或极甜的贵腐酒。

洛克福

硬质奶酪

经过加热压榨成型，是质感较硬的奶酪。随着成熟，奶酪的味道也会改善。可以磨成粉，撒入菜肴中使用。

例如

孔泰奶酪、帕马森干酪、古乌达干酪等

合适的葡萄酒

干白和优质的红酒。如带有木桶香的霞多丽等。

孔泰奶酪

第七章

新世界优质葡萄酒推荐

Wine Catalog

3000日元（约合人民币236元）以下的日常消费用酒
+特别推荐！共90种

推荐表的看法

【标识的看法】

例： ● 红较轻

根据葡萄酒的颜色标识为白、红、桃红等。
发泡酒会标识为泡，甜酒会标识甜、较甜、极甜等。
葡萄酒的酒质会标识为轻、较轻、较重、重四个阶段。

例： 特别推荐

适合纪念日或是想要稍微奢侈一下的日子。

【价格、销售点等】

※价格参考推荐的酒庄的零售价。请注意葡萄酒的价格、收获年份本身的不同和销售的情况。

※请配合章末的各品种葡萄列表灵活使用。

罗赫酒庄 / 长相思葡萄酒 (Chateau de la Roche/ Cabernet Franc CUVEE ADRIEN)

●红较轻

使用传统的有机栽培酿造而成的葡萄酒，充满果味。香味淡雅类似红色果实、紫罗兰和土壤等，保持了葡萄原有的风味。最适合搭配蔬菜和鸡肉料理。

产地：卢瓦尔地区图赖纳一带	品种：长相思
收获年：2007	价格：2,352日元（约合人民币185元）

拉格酒庄 / 芝莱葡萄酒 (DOMAINE RAGOT/Givry)

●红较轻

芝莱（Givry）位于博纳以南30公里处，是一个产品性价比非常高的产区。此酒香气如同红色果实，果味饱满，另有轻微的辛辣，是典型的勃艮第品乐酒。适合搭配食用酱油或味噌的肉类或鱼类料理。

产地：勃艮第地区芝莱一带	品种：黑品乐
收获年：2005	价格：2,772日元（约合人民币218元）

古贝尔酒庄 / 罗讷红葡萄酒 (Domaine Les Goubert/Côtes du Rhône)

●红较重

使用品种以歌海纳为主，味道甘醇，各口味要素十分平衡。酒庄位于法国罗讷河谷产区南部的吉恭达斯，拥有悠久的历史。此酒适合搭配口味较轻的肉类，如烤杂碎串和生牛肉片等。

产地：法国罗讷河谷	品种：歌海纳、佳丽酿
收获年：2007	价格：2,184日元（约合人民币172元）

科林酒庄 / 贝杰哈克沙美龙葡萄酒
(Chateau La Colline/Bergerac Sémillon)

🟡 白较轻

酿造者是以使用梅洛和沙美龙酿造现代派果味葡萄酒著称的一家小型酿造厂。这种酒是100%使用沙美龙葡萄，口感清新柔滑的干白葡萄酒，适合搭配菜肴。

产地：法国西南部		品种：沙美龙	
收获年：2007		价格：1,764日元（约合人民币139元）	

卡普马丁酒庄 / 帕夏尔冰葡萄酒
(Domaine Capmartin/Pacherenc du Vic Bilh Doux)

🟡 白甜

香气柔和类似白桃和蜂蜜，还混有一丝柠檬皮清香。而味道让人想起白桃糖浆，酸味新鲜，总的来说是一款高级甜白葡萄酒。适合冷藏后搭配甜食饮用，特别适合砂锅和鹅肝。

产地：法国西南部		品种：大满胜、小满胜	
收获年：2007		价格：2,520日元（约合人民币198元）	

波普列酒庄 / 罗讷河口地区餐酒(Domaine de Beaupre/VDP des Bouches–du–Rhone)

🟠 桃红较轻

这是普罗旺斯一家历史悠久，生产的红葡萄酒也深受好评的一家酒庄。这款桃红酒口感果味新鲜，还有轻度的辛辣，因此不会对菜肴的口味产生影响，推荐作家中常备酒。

产地：普罗旺斯地区		品种：歌海纳、神索、西拉子	
收获年：2007		价格：1,680日元（约合人民币132元）	

法国

古贝尔酒庄/吉恭达斯·弗罗伦斯葡萄酒
(Domaine Les Goubert/Gigondas Cuvee Florence)

特别推荐!

● 红重

Cuvee Florence这一名称源自酿造者的女儿，因此可谓是吉恭达斯的顶级葡萄酒，当然也是深受好评。香气兼具复杂和高雅，味道充满成熟后的高品质。最适合搭配羊羔和野禽类。

产地：罗讷河谷	品种：歌海纳、西拉子、克拉蕾
收获年：2001	价格：6,552日元（约合人民币514元）

埃里克泰列特级干葡萄酒
(ERIC TAILLET Excellence Exra Brut)

特别推荐!

● 白泡

葡萄田位于马恩河谷地区，种植品种以莫尼耶品乐为主。属于全流程都小心细致地亲自参与的家庭式香槟作坊。犀利强烈与高贵丰满两种口感集于一身。适合搭配所有鱼类料理。

产地：香槟地区	品种：莫尼耶品乐、黑品乐、霞多丽
收获年：NV（无标识）	价格：5,208日元（约合人民币409元）

基督布/新凡尔赛红葡萄酒(Christian Busin/Comte de Versailles Grand Cru)

特别推荐!

● 白泡

Grand Cru级酒村Verzeney以其飘逸的黑品乐而闻名，这款酒更是其中翘楚。同时拥有豪华的热带风格和柔和的矿物质感，无论搭配西餐还是日式食品都很合适。

产地：香槟地区	品种：黑品乐、霞多丽
收获年：2002	价格：8,820日元（约合人民币692元）

圣百荣酒庄/普罗旺斯葡萄酒(Chateau Saint Baillon/Cotes de Provence Le Roudai)

● 红较重

圣百荣的葡萄酒在巴黎三星级大饭店的菜单上也能见到，他们用最新的酿造设备实践生物动力学的酿造方法，酿造出这款以赤霞珠为主体，富有成熟感的葡萄酒。并有有机葡萄酒特有的柔和与强力的交织口感。

产地：普罗旺斯地区	**品种**：赤霞珠、西拉子
收获年：1999	**价格**：2,940日元（约合人民币231元）

杜比亚酒庄/米涅瓦传统葡萄酒 (Chateau d'Cupia/Minervois Tradition)

● 红较重

这家酒庄的主人已在当地拥有30年的酿酒历史。伴随这清新的黑加仑和香辛料味，这款酒还有南法特色的果味。酒质中等，单宁味也很沉稳，适合搭配煮肉和羊羔料理。

产地：朗格多克地区	**品种**：西拉子、佳丽酿、歌海纳
收获年：2007	**价格**：2,016日元（约合人民币158元）

卡普马丁酒庄/马德里安传统葡萄酒 (Domaine Capmartin/Madiran Tradition)

● 红重

深邃的石榴石色、黑加仑或黑莓般的香气。使用当地葡萄品种丹娜酿造的这款红酒色调浓郁，酒质也很厚实，口感富有果味。适合搭配煮鸭肉或猪肉的料理。

产地：法国西南部	**品种**：丹娜、品丽珠、长相思、费尔莎伐多
收获年：2006	**价格**：2,100日元（约合人民币165元）

黛丝柯蓝酒庄／密语天使普罗旺斯桃红葡萄酒
（ Chateau d'Esclans/Whispering Angel RoséCotes de Provence ）

● 桃红较轻

高雅而可爱的果味和细腻的口感，给人以无瑕之美。这家酿酒厂为酿造出最高级的普罗旺斯桃红酒，由波尔多有名的大酒庄的经营者和酿造人员共同设立的。

产地：普罗旺斯地区	**品种：**歌海纳、劳尔、西拉子
收获年：2007	**价格：**2,780日元（约合人民币218元）

途伯夫舍维尼红葡萄酒
（ Tue–Boeuf Cheverny Rouillon Red ）

● 红中轻

卢瓦尔地区自然派的新星，使用自有农田倾力酿造的产品。香气类似覆盆子的佳美葡萄和黑品乐混搭，形成高度浓缩的果味和透明感。

产地：卢瓦尔地区（都兰）	**品种：**佳美、黑品乐
收获年：2007	**价格：**2,580日元（约合人民币203元）

拉蒙特酒庄／勃艮第红葡萄酒
（ Domaine Ramonet/Bourgogne Passetoutgrain ）

● 红中轻

Passetoutgrain是指使用同一个地区生产的佳美葡萄和黑品乐混合制成的葡萄酒，特点在于果香、轻快的味道。这款酒就是由夏莎妮地区的著名酒厂拉蒙特酒庄酿造的，为Passetoutgrain中的精品。

产地：勃艮第地区	**品种：**佳美、黑品乐
收获年：2007	**价格：**2,380日元（约合人民币187元）

Bioghetto.com / RN13野餐葡萄酒
(Bioghetto.com/RN13 Vin de Pique–Nique)

🟡 白轻

灌装进柠檬汁瓶的自然派葡萄酒。轻微的碳酸增加了葡萄酒的清爽。香味自然，让人想起橙子、白色花朵等，酒的味道也很赞。是一款适合外出时随时倒入杯中享用的好酒。

产地：朗格多克地区	品种：长相思、白诗南、维欧尼、霞多丽
收获年：NV（无标识）	价格：1,780日元（约合人民币140元）

圣克斯米酒庄/小詹姆斯压榨酒
(Saint Cosme/Little James Basket Press)

🟡 白轻

堪称南法最优质的餐酒之一的杰作。名厂圣克斯米酒庄用他最为拿手的以维欧尼为主的混搭，酿出新鲜的口感和华丽的香气，让人感受到地中海灿烂的阳光。

产地：Côtes du Rhône地区	品种：维欧尼、品丽珠
收获年：NV（无标识）	价格：1,180日元（约合人民币93元）

梅丽客酒庄
(Chateau Meric)

🟡 白中轻

果味中还带有清新的香草或辣椒味，喝起来爽快又美味。它栽培时运用生物原理，并于1964年有机栽培认证机构设立时就得到认证，这在波尔多很少见。

产地：波尔多地区格拉芙一带	品种：品丽珠、沙美龙、麝香葡萄
收获年：2006	价格：2,380日元（约合人民币187元）

法国

罗克梅恩堡/红葡萄酒
(Chateau Roque le Mayne)

● 红重

颜色和味道都很浓郁。内涵饱满而口感柔滑，进入口中就有一种香草的感觉油然而生。单宁沉稳细腻，是可以和特级葡萄酒一较高下的好酒！

产地： 波尔多地区	**品种：** 梅洛、赤霞珠、马尔贝克
收获年： 2006	**价格：** 2,380日元（约合人民币187元）

老爷车城堡葡萄酒
(Chateau Patache d'Aux)

● 红重

平衡感很棒，果味怡人，略带高级感的桶香和饱满的口感。是任何人都能放心享用的典型梅多克古典式的口味。这种酒还被法国总统府爱丽舍宫选用。

产地： 波尔多地区（梅多克）	**品种：** 赤霞珠、梅洛
收获年： 2006	**价格：** 2,980日元（约合人民币234元）

沙普蒂尔酒庄/巴纽尔斯葡萄酒
(Chapoutier Banyuls)

● 红甜

产地位于法国和西班牙的边境附近，充分吸收了地中海沿岸的灿烂阳光，因此充分成熟的果实带给这种酒天然的甜味。香气像是煮可可或橙子的味道，口感甜得像是要在口中融化。

产地： 朗格多克地区	**品种：** 歌海纳
收获年： 2006	**价格：** 2,580日元（500ml）（约合人民币203元）

洛布赖特莫诺酒庄/勃艮第黑品乐葡萄酒
(Domaine Roblet–Monot/Bourgogne Pinot Noir)

● 红较轻

洛布赖特莫诺酒庄是沃尔内地区的一家酿造厂，由于最近使用有机栽培而备受瞩目。它使用的葡萄都是位于洛布赖特莫诺地区的酒庄农田所产，饮用时口中充满了新鲜的草莓汁一般的自然果香。

产地：勃艮第	品种：黑品乐
收获年：2007	价格：2,280日元（约合人民币179元）

让·巴蒙特/赤霞珠红葡萄酒
(Jean Balmont/Cabernet Sauvignon)

● 红较轻

口感柔和容易亲近，成熟度也非常高，给人以纯净的果味的一款葡萄酒。该酒使用南法朗格多克地区的优质赤霞珠，既有高级酒的口感，又适合日常饮用。

产地：朗格多克地区	品种：赤霞珠
收获年：2007	价格：980日元（约合人民币77元）

菲戈拉斯酒庄/西拉子歌海纳葡萄酒
(Domaine Figueirasse/Syrah Grenache)

● 红较重

产地位于阿尔勒市以南，面朝地中海的一处富有魅力的地方。味道类似当地特有的一种香草，水嫩而富有果味。适合搭配香草烧羊羔的料理。

产地：朗格多克地区	品种：西拉子、歌海纳
收获年：2007	价格：1,480日元（约合人民币116元）

博伊斯酒庄/卢卡斯图赖衲顺子葡萄酒(DOMAINE DES BOIS/LUCAS CUVEE TOURAINE KUNIKO)

● 红较重

卢瓦尔自然派中的重量级人物，日本籍女性酿酒师新井顺子所酿造的葡萄酒。100%使用有机自然栽培方法种植的佳美葡萄，味道浓厚有力，带有强烈梅子香气，内涵丰富。

产地：卢瓦尔地区（都兰）	品种：佳美
收获年：2006	价格：3,180日元（约合人民币250元）

特别推荐!

克洛斯里欧 / 卡斯蒂永葡萄酒 (Clos Leo/Côtes de Castillon)

● 红重

这是由日本的筱原丽雄开的位于卡斯蒂永的新晋酒庄，控制收获量，严格选拔品质最好的葡萄。有深度的香气和勃艮第白葡萄酒一般的矿物质感都是这款高级葡萄酒的特点。

产地：波尔多地区	品种：梅洛、品丽珠
收获年：2006	价格：6,980日元（约合人民币548元）

特别推荐!

亨利沃 / 简西情人高级葡萄酒(Henride/Vaugency Cuvee des Amoureux Grand Cru Blanc de Blancs)

● 白泡

这家酒庄位于香槟产区，生产最高级的霞多丽。这款酒是100%使用自产霞多丽的白葡萄酿制的发泡酒。极其细腻的泡沫和高品质的矿物质感是只有高等级才能品味到的高贵。

产地：香槟地区	品种：霞多丽
收获年：NV（无标识）	价格：5,880日元（约合人民币463元）

皮埃尔卢诺帕蓬/麝香苏黎干白葡萄酒(Pierre Luneau–Papin/Muscadet Sèvre et Maine Sur Lie Verger)

🟢 白轻

拥有符合麝香葡萄风格的爽快酸味和饱满的矿物质感。适合搭配口味较干的食品，尤其适合鱼贝类，特别是牡蛎。纯手工采集，制造过程十分精细。

产地：卢瓦尔地区南特一带	品种：法国麝香
收获年：2007	价格：2,016日元（约合人民币158元）

爱丽丝梅尔酒庄/修道院十字架葡萄酒 (Chateaux Elie Sumeire LA CROIX DU PRIEUR)

🟢 白轻

柚子一般的清香让人心旷神怡，口感水嫩而饱满。从酒中可以品尝出当地土地的自然风味。和浇上橄榄油的鱼肉以及日式料理搭配起来真是美妙。

产地：普罗旺斯	品种：白玉霓、劳尔葡萄
收获年：2006	价格：2,268日元（约合人民币178元）

阿尔博·波克斯雷/白品乐葡萄酒 (ALBERT BOXLER/Pinot Blanc)

🟢 白较轻

诞生于花岗岩土壤，栽培时严格控制产量，因此给人以无比浓缩的口感、丰厚的果味和透明一般的矿物质感，酒中的活力好像要渗透到身体的每个角落。适合搭配蔬菜，如炖菜等等。

产地：阿尔萨斯地区	品种：白品乐
收获年：2006	价格：2,394日元（约合人民币188元）

威尼多思酒厂/新诞葡萄酒
(Bodegas Y Vinedos/Manuel Burgos AVAN Nacimiento)

● 红重

Vinedos Manuel Burgos 的葡萄酒堪称杜罗河谷的希望之星，近年来得到的评价越来越高。使用有机栽培，生产全由自己管理，因此产量稀少。充满自然的果味，十分有魅力。

产地：杜罗河谷	品种：添帕尼优
收获年：2006	价格：2,520日元（约合人民币198元）

希门尼斯兰迪/巴娇迪里奥葡萄酒
(JIMENEZ LANDI/BAJONDILLO)

● 红重

马德里以南，Mentrida的新兴小厂。将不同品种的葡萄平衡地搭配混合，酿造中酸味柔和果味丰富的葡萄酒，感觉上甚至有些妖艳的气氛。适合搭配红肉。

产地：Mentrida	品种：西拉子、添帕尼优、梅洛、赤霞珠
收获年：2008	价格：2,520日元（约合人民币198元）

穆尔西亚酒厂/皮科马达玛葡萄酒(Bodegas Y Vinedos de Murcia · SC Pico Madama)

● 红重

近几年来这片产地开始越来越受关注，而这是可以代表湖米丽亚地区的一款酒。使用高龄老树上结的慕尔韦度葡萄和而多葡萄各一半，因此有很高的浓缩度，酒质鲜明味美。

产地：湖米丽亚	品种：慕尔韦度、味而多
收获年：2006	价格：2,940日元（约合人民币231元）

卡斯蒂略马蒂耶拉 / 高级白葡萄酒
(Castillo Maetierra / Grand Libalis Blanco)

🟡 白较轻

这种干白葡萄酒一般使用一种比麝香葡萄略小的当地品种进行酿造。荔枝般的香味和成熟果实的感觉形成绝妙的平衡。适合搭配生火腿、煮菜等料理。

产地： 里奥哈（Valles de Sadacia）
品种： 麝香葡萄（西班牙品种）、比尤莱、马勒瓦希
收获年： 2005　　　　　**价格：** 2,079日元（约合人民币163元）

罗沙利亚酒厂 / 帕克卡斯特罗葡萄酒
(Bodegas Rosalia de Castro Paco Y Lola)

🟡 白较轻

100%使用西班牙具有代表性的白葡萄酒、阿尔巴利诺酿造而成，下海湾地区的杰作。外观有型，内涵也富有果味，味道高贵而轻快，但不乏浓缩感。

产地： 下海湾地区　　　　　**品种：** 阿尔巴利诺
收获年： 2007　　　　　**价格：** 2,940日元（约合人民币231元）

艾斯佩特 / 发泡干葡萄酒
(Espelt/Sparkling Escuturit Brut)

🟡 白泡干

曾受西班牙著名餐厅El Bulli主人大加赞赏的发泡酒。酿造过程使用瓶内二次发酵法，味道类似柑橘，新鲜而高雅。气泡怡人，口感刺激。

产地： 艾姆波尔达　　　　　**品种：** 霞多丽、比尤莱、查列托
收获年： NV（无标识）　　　　　**价格：** 2,205日元（约合人民币173元）

酿酒厂艺术品/第九号葡萄酒
（Winery Arts NO.9）

● 红重

产地没有选在受严格管理的里奥哈而是在更加天马行空地造酒的凯勒斯山谷。酒力强劲，配上新鲜的酸甜口感、入口柔和的单宁和复杂持久的香气，就是这款红酒的特点。

产地：凯勒斯山谷	品种：添帕尼优、赤霞珠、梅洛
收获年：2005	价格：3,045日元（约合人民币239元）

特别推荐!

松酒厂/松葡萄酒（Bodegas Matsu/Matsu）

● 红重

使用树龄超过100年的添帕尼优葡萄酿造的西班牙酒。成熟度高，口感强劲但不乏高雅，是近年来该类葡萄酒的代表。比起比它贵一倍的葡萄酒来也毫不逊色。

产地：Toro	品种：添帕尼优
收获年：2006	价格：3,675日元（约合人民币288元）

特别推荐!

伯纳贝尔瓦酒厂/歌海纳葡萄酒
（BERNABELEVA/Garnacha De Vina Bonita）

● 红重

被称为西班牙下一代葡萄酒的领军人物的劳尔·佩雷茨和马尔克·伊萨特·比诺连手打造，诞生自高海拔农田的高龄歌海纳葡萄树的葡萄，这款酒味道浓郁而酸味迷人，非常高雅。

产地：马德里酒区	品种：歌海纳
收获年：2007	价格：6,300日元（约合人民币495元）

美国

卢比肯酒庄/索菲亚·柯波拉葡萄酒（Rubicon Estate / Sophia Coppola Blanc de Blancs）

● 白泡

这是一款电影导演柯波拉为祝贺其女儿索菲亚结婚而制造的发泡酒。因特意降低了碳酸量而造就了顺滑如丝的口感。味道轻快而清新，其酒瓶也是美轮美奂。

产地：加利福尼亚	品种：霞多丽
收获年：2007	价格：3,654日元（约合人民币239元）

奥本小站/伊莎贝尔黑品乐葡萄酒（Au Bon Climat/Pinot Noir Isabelle）

● 红重

现代加州黑品乐的代表酿酒师的杰作。伊莎贝尔是他女儿的名字，这款酒是混合了所有葡萄田中最优质的葡萄后酿造而成的一款最高级葡萄酒，味道醇厚而复杂。

产地：加利福尼亚	品种：黑品乐
收获年：2006	价格：5,544日元（约合人民币435元）

莫顿埃姆斯贝尔山庄园/赤霞珠葡萄酒（Medlock Ames/Cabernet Sauvignon Bell Mount Vineyard）

● 红重

只有内行人才知道的新兴酿酒厂。浓密的果味和芳醇的香气、并且特意控制桶香，酿造出高雅而口感丝滑的红葡萄酒。由于使用自然农法，因此产量稀少，口味如乌梅般浓缩。

产地：加利福尼亚（亚历山大谷）	品种：赤霞珠、梅洛
收获年：2003	价格：6,898日元（约合人民币541元）

美国

可兰庄园/加利福尼亚仙粉黛葡萄酒
(Cline Zinfandel/California)

● 红重

最大程度地表现了美国当地品种仙粉黛葡萄的特色。可兰庄园拥有数目众多的超过100年树龄的老树，因此它的酒中也弥漫着充分成熟后的葡萄的果香。

产地：加利福尼亚	品种：仙粉黛
收获年：2007	价格：1,995日元（约合人民币157元）

鹿跃酒厂鹰冠/赤霞珠红葡萄酒(Stag's Leap Wine Cellars Hawk Crest/Cabernet Sauvignon)

● 红重

鹿跃酒厂是纳帕山谷的顶级酿酒厂。这款葡萄酒既保持了其一贯的高品质，同时能适合更多的人群。黑加仑般的香气迷人，适当的涩味和果味适合日常饮用。

产地：加利福尼亚	品种：赤霞珠、味而多
收获年：2006	价格：2,100日元（约合人民币165元）

希杜里/威廉姆特谷黑品乐葡萄酒
(Siduri / Pinot Noir Willamette Valley)

● 红重

希杜里是一家只酿造黑品乐的酿酒厂。所使用的俄勒冈州葡萄，其产地的纬度和气候条件被人称赞。与众不同的高雅让人眼前一亮。

产地：俄勒冈州（威拉梅特谷）	品种：黑品乐
收获年：2007	价格：3,444日元（约合人民币270元）

卡莱拉中央海岸 / 霞多丽葡萄酒
（ Carela/Chardonnay Central Coast ）

● 白较重

有加利福尼亚的罗曼尼康帝之称的卡莱拉的霞多丽酒。具有杏仁或菠萝味般的香味或香草味，口感顺滑柔和。是一种价格公道的标准级葡萄酒。

产地：加利福尼亚（中央海岸）	品种：霞多丽
收获年：2008	价格：1,764日元（约合人民币138元）

贝灵哲 / 白色仙粉黛葡萄酒
（ Beringer/White Zinfandel ）

● 桃红较甜

仙粉黛葡萄的桃红酒是美国典型的餐酒。微有些甜味，口味类似白桃、草莓、樱桃等水果，适合冰镇后在杯中放入冰块饮用。

产地：加利福尼亚	品种：仙粉黛
收获年：2008	价格：1,155日元（约合人民币91元）

国会山 / 梅洛葡萄酒
（ Washiton Hills Merlot ）

● 红较重

华盛顿的梅洛。华盛顿州盛产高级葡萄酒、其柔滑口感和恰到好处的浓淡，超高平衡感配上这样的价格，不得不说性价比很高。适合搭配红肉或烤鲑鱼。

产地：华盛顿州（哥伦比亚谷）	品种：梅洛
收获年：2006	价格：1,260日元（约合人民币99元）

华诗歌特供葡萄酒
（LOS VASCOS GRAND RESERVE）

●红重

波尔多名门拉菲酒庄进军智利的第一个产品就是华诗歌。这种酒不重不轻、口感多汁。可谓是体现了拉菲酒庄的细腻特征的智利酒，推荐休闲时饮用。

产地：科查瓜山谷	品种：赤霞珠
收获年：2006	价格：2,205日元（约合人民币173元）

特别推荐！

嘉斯山酒业/云顶至尊赤霞珠葡萄酒
（MONTGRAS/NINQUEN Cabernet Sauvignon）

●红重

嘉斯山公司追求最高级的产地条件开辟了一片位于山坡上的农田。而这种酒选用的赤霞珠也是其中的最上品，带来复杂浓缩的风味，口感柔滑。

产地：科查瓜山谷	品种：赤霞珠
收获年：2006	价格：4,179日元（约合人民币328元）

特别推荐！

柯诺苏/黑品乐OCIO葡萄酒
（Cono Sur/Pinot Noir OCIO ）

●红重

柯诺苏公司的阿道夫·福露塔得种植的黑品乐堪称智利最好的黑品乐，香气复杂而丰裕，酒质柔和顺滑，好像从喉咙滑过一般。

产地：卡萨布兰卡山谷	品种：黑品乐
收获年：2008	价格：5,460日元（约合人民币429元）

柯诺苏 / 格乌兹莱尼葡萄酒
(Cono Sur/Gewürztraminer Varietal)

● 白较轻

价格不到1000日元（约合人民币80元），但却有惊人的高品质。一开瓶就会有扑面而来的荔枝一般的南国香气。酒质纯净没有杂味，含糖量较低适合搭配食物，如中餐或民族风菜肴等。

产地：卡萨布兰卡谷	品种：格乌兹莱尼
收获年：2009	价格：698日元（约合人民币55元）

维纳 · 马柯娜 / 冰飞艳草莓发泡酒
(Vina Mackenna/Fresita)

● 桃红泡较甜

世界上仅此一例的含有草莓的天然果汁和果肉的发泡葡萄酒。味道从入口到回味都有草莓的身影，此外含糖量也较低。适合冰镇后饮用。

产地：帕塔哥尼亚	
品种：麝香葡萄、亚历山大葡萄、品丽珠、霞多丽、紫北塞	
收获年：NV（无标识）	价格：1,659日元（约合人民币130元）

嘉斯山酒业 / 特供葡萄酒
(MONTGRAS/QUATRO RESERVA)

● 红重

产地常刮湿润的冷风，昼夜温差很大，因此所产的葡萄酒颇具水果风味。最高级别的独立农田中产出的四种（Quatro）葡萄混合后酿成这种葡萄酒，其口感浓缩而高雅。

产地：科查瓜山谷	
品种：赤霞珠、梅洛、马尔贝克、佳美娜	
收获年：2007	价格：1,837日元（约合人民币144元）

布莱斯第 / 发泡西拉子红葡萄酒
（ BLEASDALE/Sparkling Shiraz ）

● 红泡

具有澳洲特色的珍贵红色干发泡葡萄酒。奶油般的气泡和成熟甘甜的莓子香气与苦味达成完美平衡。适合各种人饮用，从单饮到搭配主菜无一不可。

产地：南澳大利亚州兰汉溪	**品种**：西拉子
收获年：NV（无标识）	**价格**：2,500日元（约合人民币196元）

伏亚格庄园 / 霞多丽白葡萄酒
（ Voyager Estate/Chardonnay ）

特别推荐!

● 白重

近年来玛格丽特里弗的霞多丽酒正迅速地转变风格，从原来桶香浓重型变为如今能够体现凉爽气候特点的酸味高雅型。而这就是其中代表性的一种酒。

产地：西澳大利亚州玛格丽特里弗	**品种**：霞多丽
收获年：2006	**价格**：4,500日元（约合人民币353元）

戴伦堡笑鹊牌 / 西拉子维欧尼葡萄酒
（ d'Arenberg Laughing Magpie/Shiraz Viognier ）

特别推荐!

● 红重

生产这款酒的酒庄堪称澳洲罗讷品种的第一人，平日便以制造适合各类人群的葡萄酒为目标。这款完美地体现了这一概念，果味充实口感柔和，味道也颇具复杂性。

产地：南澳大利亚州麦克拉伦谷	**品种**：西拉子、维欧尼
收获年：2007	**价格**：3,200日元（约合人民币251元）

露纹酒园/艺术系列雷司令葡萄酒
（ Leeuwin Est/Art Series Riesling ）

● 白较轻

品牌图案是一只青蛙。这种酒是一种雷司令干白，透着一股青柠檬或柚子的清香，酸味具有透明感让人愉悦。适合搭配蔬菜，因此和日式料理很搭。

产地： 西澳大利亚州玛格丽特里弗 **品种：** 雷司令
收获年： 2007 　　　**价格：** 2,850日元（约合人民币224元）

塔马河谷/恶魔角系列黑品乐葡萄酒(Tamar Ridge/Devil's Corner Pinot Noir)

● 红较轻

所使用的黑品乐诞生在被称为世界上空气和水最美的地方的塔斯马尼亚岛。酒中也反映出土地的特征，类似草莓或蓝莓的果味和爽快的酸味让人印象深刻。酒质较轻，但回味无穷。

产地： 塔斯马尼亚州塔马河谷 **品种：** 黑品乐
收获年： 2008 　　　**价格：** 2,450日元（约合人民币192元）

彼得利蒙芭萝莎/克兰西红葡萄酒
（ Peter Lehmann Barossa/Clancy's Red ）

● 红较重

由熟悉芭萝莎山谷的酿造者制作的具有澳大利亚独特风味的西拉子和赤霞珠的混合酒。其平衡感和性价比吸引了无数人购买，曾数次入选葡萄酒杂志的百大好酒。

产地： 南澳大利亚州芭萝莎山谷 **品种：** 西拉子、赤霞珠、梅洛
收获年： 2006 　　　**价格：** 1,980日元（约合人民币155元）

德国 / 奥地利

格拉泽/绿维特利那白葡萄酒
(Glatzer/Gruner Veltliner)

● 白较轻

格拉泽作为新兴先驱产地而备受瞩目，高性价比同时又能保持奥地利葡萄酒的特色，果味丰富充满矿物质感，酒质也恰到好处。

产地：奥地利卡农图姆	品种：绿维特利那
收获年：2008	价格：1,995日元（约合人民币157元）

特别推荐!

梅伦霍夫日冕庄园/精选葡萄酒(Meulenhof
Wehlener Sonnenuhr AUSLESE)

● 白极甜

2006年的这款酒表现优异，果味富有层次感，可以感觉到多种水果的存在，如薄荷、百味果、杏仁、蜂蜜和橙子糖浆等，堪称琼浆玉液的高级葡萄酒！

产地：德国摩泽尔地区	品种：雷司令
收获年：2006	价格：2,940日元（约合人民币231元）

特别推荐!

格耶霍夫不锈钢罐/绿维特利纳葡萄酒
(Geyerhof Gruner/Veltliner Steinleithn)

● 白较重

奥地利的生物动力农法的代表性酿酒厂的完成度极高的作品。风味复杂、果味、矿物质感、酸度都高度地浓缩和谐，喝到嘴里酒香四溢，各种味道填满整个口腔。

产地：奥地利克雷姆斯塔尔	品种：绿维特利那
收获年：2008	价格：4,200日元（约合人民币330元）

卢森博士／卢森雷司令Q.b.A级白葡萄酒
（ Dr. Loosen/Villa Loosen Riesling Q.b.A ）

🟢 白较甜

卢森博士被称为雷司令葡萄的传教士。如同柑橘、麝香、青苹果般的清凉香气，伴以清新的酸味和适度的甜味，充满摩泽尔地区的风情。

产地：德国摩泽尔地区	品种：雷司令
收获年：2008	价格：1,785日元（约合人民币140元）

普伦兹／雷司令干白葡萄酒
（ Prinz/Riesling Trocken ）

🟡 白较轻

清新的果味、矿物质感和水果口感调和在一起，而爽口的酸味带来持久的回味。是一款值得购买的高级莱茵高雷司令酒。也能和日式料理搭配。

产地：德国莱茵高地区	品种：雷司令
收获年：2007	价格：2,310日元（约合人民币181元）

科斯特沃尔夫／西万尼经典葡萄酒
（ Koster Wolf/Silvaner Classic Q.b.A ）

🟡 白较重

香味类似麝香葡萄，具有水果的清新感。而生机盎然的酸味和果味也完美搭配在了一起。摆放一天后，酸味会变得更沉稳一些，从而能够与果味更和谐地配合在一起。适合搭配各种食品。

产地：德国莱茵黑森地区	品种：丝瓦娜
收获年：2008	价格：1,785日元（约合人民币140元）

意大利

吉士堡咏叹调 / 桑娇维赛葡萄酒
(Umani Ronchi Punto Esclamativo/Sangiovese Marche)

● 红较重

吉士堡是意大利中部东侧的马尔凯州最大的酿酒厂。这款酒具有丰富的香气、酸味、涩味，与果味也能够完美地和谐共存，因此味道极为诱人。并且它还具有超高的性价比。

产地：马尔凯州	品种：桑娇维赛
收获年：2008	价格：1,050日元（约合人民币82元）

科勒列多 / 莫利塞罗素葡萄酒
(COLLOREDO/MOLISE ROSSO)

● 红重

100%使用莫利塞州所产的蒙蒂普尔查诺葡萄，这款酒带有华美的芳香、坚实的单宁和丰富的果味，口感浓厚而平衡。是一款有机葡萄酒。

产地：莫利塞州	品种：蒙蒂普尔查诺
收获年：2005	价格：1,280日元（约合人民币100元）

特别推荐！

卡斯蒂略 / 兰波拉圣马可葡萄酒
(Castello dei/Rampolla San Marco)

● 红重

圣马可作为自由派葡萄酒的先驱世界闻名。这款伟大的葡萄酒以赤霞珠为主，混以桑娇维赛和梅洛，味道浓厚而高雅。

产地：托斯卡纳州	品种：赤霞珠、桑娇维赛、梅洛
收获年：2004	价格：9,000日元（约合人民币707元）

安柯娜/棠比内罗白葡萄酒
（ Ancora/Trebbiano d'Abruzzo ）

● 白轻

安柯娜是意大利南部一家新兴酿酒厂，100%使用阿布鲁佐产的棠比内罗葡萄精心酿造成这款带有无尽新鲜果味，适合各种人群饮用的白葡萄酒。

产地: 阿布鲁佐州	**品种:** 棠比内罗
收获年: 2008	**价格:** 880日元（约合人民币69元）

杰乐托/布朗格白葡萄酒
（ Ceretto/Arneis Blange ）

● 白较轻

杰乐托不只在皮埃蒙特，在意大利全国也称得上大酒庄。这款是100%使用意大利葡萄品种阿内斯的一款高级白葡萄酒。具有丰富的果味和矿物质感。布朗格是葡萄田的名字。

产地: 皮埃蒙特州	**品种:** 阿内斯
收获年: 2007	**价格:** 2,500日元（约合人民币196元）

杰士康/拉波索威尼托葡萄酒
（ Cescon/Raboso del Veneto ）

● 红较重

这是一款威尼托州锐意进取的一家酿酒厂使用当地葡萄品种拉波索并以天然农法酿造的红葡萄酒。酸味踏实，单宁柔和，天然果味四溢，给人以深刻印象。是越喝越上瘾的一款好酒。

产地: 威尼托州	**品种:** 拉波索
收获年: 2007	**价格:** 1,050日元（约合人民币82元）

新西兰

马丁堡葡萄园/长相思葡萄酒(Martinborouh Vineyard/Te Tera Sauvignon Blanc)

● 红重

堪称马丁堡的先驱者的酿酒厂的二线葡萄酒。香气不会过于奢华，口感清爽但留有回味的果味。入口顺滑，适合冷却后配以白肉饮用。

产地：马丁堡	**品种**：品丽珠
收获年：2007	**价格**：2,205日元 (约合人民币173元)

兰德州/长相思葡萄酒 (Staete Landt/Sauvignon Blanc)

● 红重

马丁堡作为新西兰最大的产地，盛产品丽珠。这款葡萄酒含糖量低，酸味清爽，有百香果和嫩草的香气。适合搭配蚕豆或毛豆等菜肴。

产地：马丁堡	**品种**：品丽珠
收获年：2008	**价格**：2,394日元 (约合人民币188元)

里彭/雷司令葡萄酒(Rippon/Reisling)

● 红重

里彭产区位于瓦纳卡湖畔，被称为世界上最美的葡萄酒产地。葡萄酒中可以品尝出凉爽的气候，拥有细腻的酸味，并和果味和谐共存。略带高级的甜味别具一格。

产地：中奥塔哥 (瓦纳卡地区)	**品种**：雷司令
收获年：2008	**价格**：2,940日元 (约合人民币231元)

罗森威兹山/格乌兹莱尼干葡萄酒
(Lawson's Dry Hills/Gewürztraminer)

🟡 白较重

这款酒在葡萄酒大赛上经常能获得格乌兹莱尼组的金奖。口味华美而富有民族特色，麝香般的香气混有少许蜂蜜香。酒中含有少量残糖，因此回味悠长。适合搭配泰国菜肴、鹅肝等各种菜肴。

产地：马尔堡	品种：格乌兹莱尼
收获年：2007	价格：2,782日元（约合人民币218元）

分水岭/黑品乐葡萄酒
(Main Divide/Pinot Noir)

🔴 红较轻

代表坎特伯雷的酿酒厂"飞马湾"的二线葡萄酒。其饱满的果实风味十分富有新西兰特色。覆盆子香加果味酸味俱全的樱桃味的回味，适合略微冷却后饮用。

产地：坎特伯雷（怀帕拉地区）	品种：黑品乐
收获年：2007	价格：2,604日元（约合人民币205元）

俏石酒庄/丘比特之箭黑品乐干红葡萄酒
(Wild Rock/Cupids Arrow Pinot Noir)

🔴 红重

由执著打造高级葡萄酒的团队"克拉吉庄园"推出的一款平价葡萄酒。略带刺激性的纯净果香和覆盆子或梅子般的果味加适度的单宁，很有内涵的一款酒。

产地：中奥塔哥	品种：黑品乐
收获年：2007	价格：2,940日元（约合人民币231元）

本菲尔德·德拉梅尔酒庄/奥西里斯之曲葡萄酒(Benfield Delamare Song for Osiris)

● 红较重

酒庄位于以黑品乐著称的马丁堡，但却致力于生产赤霞珠葡萄酒。经过其用心的种植和酿造，诞生出这款单宁味柔和果味怡人的葡萄酒。

产地：马丁堡	品种：赤霞珠、梅洛、品丽珠
收获年：2006	价格：2,625日元（约合人民币206元）

崔妮蒂山霍克斯湾/西拉子葡萄酒(Trinity hill Hawk's Bay/Shiraz)

● 红较重

西拉子是新西兰继黑品乐后关注度最高的葡萄品种，而这家酒庄更是行业翘楚。霍克斯湾的气候条件适合栽种罗讷省品种的葡萄，其产品口感刺激的同时还能保有美妙的果味和酸味，风味迷人。

产地：霍克斯湾	品种：西拉子
收获年：2007	价格：3,150日元（约合人民币247元）

楠田黑品乐葡萄酒(Kusuda Pinot Noir)

特别推荐！

● 红较重

楠田浩之先生在马丁堡种植的黑品乐。如同其种植目标"酿造透明的葡萄酒"一样，这款酒具有纯净的果味和高雅的酸味，同时还有细腻的单宁，达成了绝佳的平衡，让人回味无穷。在国内外都广受好评。

产地：马丁堡	品种：黑品乐
收获年：2007	价格：10,500日元（约合人民币824元）

艾德维恩(Edelwein)/五月长根葡萄园葡萄酒

● 白轻

20世纪50年代,诞生了日本葡萄品种雷司令里昂,而它就是这款酒的原料。岩手县大迫町凉爽的气候和岩盖质的土壤十分适合这种葡萄的生长,并由此酿造出带有延展性很好的酸味和饱满的矿物质感的北国葡萄酒。

产地:岩手县	**品种**:雷司令里昂
收获年:2007	**价格**:2,300日元(约合人民币181元)

丸藤葡萄酒工业/鲁拜甲州苏黎干白葡萄酒
(Rubaiyat 甲州 Sur Lie)

● 白较轻

使用精选甲州葡萄,并用在装瓶前都保持静置不沉淀的制造方法。这款甲州葡萄酒的特点在于其新鲜刺激的柑橘系风味、偏干的口感和卓越的味道。

产地:山梨县(胜沼)	**品种**:甲州
收获年:2007	**价格**:1,650日元(约合人民币130元)

胜沼酿造/阿鲁加澄澈白葡萄酒
(ARUGABRANCA CLAREZA)

● 白较轻

以酿造"世界承认的甲州葡萄酒"为己任的有贺雄二先生热情的结晶。具有甲州特色的苦味和爽口的酸味,还有柚子一般的味道都让人觉得充满生机心情愉悦。能够搭配使用味噌、酱油的日式料理。

产地:山梨县(胜沼)	**品种**:甲州
收获年:2008	**价格**:1,700日元(约合人民币133元)

竹田酿酒厂/藏王星级红葡萄酒
（Takeda Winery / 藏王 Star Wine 赤）

● 白中轻

100%使用山形县产的麝香·贝利A葡萄，每一颗葡萄都经过了精挑细选。酒中富含这种葡萄所独有的红色果实的香气和刺激的酸味，还有柔美的水果风味。这款餐酒可谓是日本的骄傲。

产地：山形县	品种：麝香贝利A
收获年：2008	价格：1,250日元（约合人民币98元）

都农葡萄酒/麝香·贝利A庄园葡萄酒
（Muscat Bailey A Estate）

● 白中轻

都农是九州最大的酿酒厂，创业于1996年。其产品不仅拥有南方温暖气候所带来的甘甜香气与和谐酸味，还有收敛和缓的酒质。其美味是怎么喝都喝不厌。酒中蕴含了都农多年以来在土地上下的功夫。

产地：宫崎县	品种：麝香·贝利A
收获年：2008	价格：1,700日元（约合人民币133元）

岩之原葡萄园/岩之原葡萄酒麝香·贝利A 3986 葡萄酒（Muscat Bailey A 3986）

● 白中轻

被称为日本葡萄酒之父，杂交出麝香·贝利A的川上善兵卫所设立的酿酒厂。他无比细腻地酿造麝香·贝利A葡萄，这款有着红色果实香气或香草香气，并与细腻单宁味交织的高级葡萄酒。

产地：新泻县	品种：麝香·贝利A
收获年：2007	价格：3,150日元（约合人民币247元）

小布施酿酒厂/苏加父子欧洲品种葡萄酒
（Sooga pere/Cepage Europeen）

● 红较重

拥有众多狂热粉丝的曾我彰彦酿造的葡萄酒。以茨威格葡萄为主，混以赤霞珠和梅洛等欧洲品种。感觉上类似勃艮第酒，并有超高的性价比。

产地：长野县	品种：澳洲茨威格、赤霞珠、梅洛
收获年：2008	价格：2,000日元（约合人民币157元）

中央葡萄酒/Grace 余市黑品乐葡萄酒
（Pinot Noir）

● 红较重

中央葡萄酒与余市的栽培家木村忠合作，酿造出这款日本水平最高的黑品乐酒，也算是达成了两者的夙愿。2007年的这款酒色泽浓郁，具有甜美多汁等黑品乐特色的果味。

产地：北海道	品种：黑品乐
收获年：2007	价格：2,400日元（约合人民币188元）

美利坚酒庄私酿（Chateau Mercian Private Reserve）/桔梗原精选美罗葡萄酒（Merlot Barrel Selection）

特别推荐!

● 红重

使用产自长野县盐尻的日本最好的梅洛葡萄，并且是收成最好的2000年中成熟度最高的那一部分酿造。之后还严选了其中最好的四桶，因此这款酒极度稀少，价值超高。

产地：长野县	品种：梅洛
收获年：2000	价格：12,500日元（约合人民币981元）

葡萄酒资料用语

Material and Glossary

这是一部葡萄酒资料用语集，
想了解的时候可以迅速查询。
敬请随身携带，随时使用。

法国波尔多地区评级表

梅多克地区的等级（1885年）
※②是指二线葡萄酒（表中仅记载1，2级）

1级 — Premiers Grands Crus	
酒庄名	AOC
Château Lafite-Rothschild	Pauillac
Carruades de Lafite	
Château Latour	Pauillac
Les Forts de Latour	
Château Mouton-Rothschild	Pauillac
Le Petit Mouton de Mouton Rothschild	
Château Margaux	Margaux
Pavillon Rouge du Château Margaux	
Château Haut-Brion	Pessac–Léognan
Le Bahans du Château Haut-Brion	

2级 — Deuxièmes Grands Crus	
酒庄名	AOC
Château Cos d'Estournel	Saint–Estèphe
Les Pagodes de Cos	
Château Montrose	Saint–Estèphe
La Dame de Montrose	
Château Pichon-Longueville Baron	Pauillac
Les Tourelles de Longueville	
Château Pichon-Longueville Comtesse de Lalande	Pauillac
Réserve de la Comtesse	
Château Ducru-Beaucaillou	Saint–Julien
La Croix-de Beaucaillou	
Château Gruaud-Larose	Saint–Julien
Sauget de Gruaud-Larose	
Château Léoville-Barton	Saint–Julien
La Réserve de Léoville-Barton	
Château Léoville-Las Cases	Saint–Julien
Clos du Marquis	
Château Léoville-Poyferré	Saint–Julien
Château Moulin-Riche	
Château Durfort-Vivens	Margaux
Second de Durfort	
Château Lascombes	Margaux
Chevalier de Lascombes	
Château Rauzan-Ségla	Margaux
Ségla	
Château Rauzan-Gassies	Margaux
Chevalier de Rauzan-Gassies	
Château Brane-Cantenac	Margaux
La Baron de Brane	

173

3级	Troisièmes Grand Crus	
酒庄名		AOC
Château Calon-Ségur		Saint-Estèphe
Château Lagrange		Saint-Julien
Château Langoa Barton		Saint-Julien
Château Desmirail		Margaux
Château Ferrière		Margaux
Château Malesscot Saint-Exupéry		Margaux
Château Marquis d'Alesme-Becker		Margaux
Château Boyd-Cantenac		Margaux
Château Cantenac-Brown		Margaux
Château d'Issan		Margaux
Château Kirwan		Margaux
Château Palmer		Margaux
Château Gisscours		Margaux
Château La Lagune		上梅多克

4级	Quatrièmes Gands Crus	
酒庄名		AOC
Château Lafon-Rochet		Saint-Estèphe
Château Duhart-Milon Rothschild		Pauillac
Château Beychevelle		Saint-Julien
Château Branair-Ducru		Saint-Julien
Château Saint-Pierre		Saint-Julien
Château Talbot		Saint-Julien
Château Marquis de Terme		Margaux
Château Pouget		Margaux
Château Prieuré-Lichine		Margaux
Château La Tour-Carnet		上梅多克

5级	Cinquièmes Grand Crus	
酒庄名		AOC
Château Cos-Labory		Saint-Estèphe
Château Batailley		Pauillac
Château Haut-Batailley		Pauillac
Château Clerc-Milon		Pauillac
Château Croixet-Bages		Pauillac
Château Lynch-Bages		Pauillac
Château Lynch-Moussas		Pauillac
Château Haut-Bages-Libéral		Pauillac
Château Grand-Puy-Ducasse		Pauillac
Château Grand-Puy-Lacoste		Pauillac
Château d'Armailhac		Pauillac
Château Pédesclaux		Pauillac
Château Pontes-Canet		Pauillac
Château Dauzac		Margaux
Château du Tertre		Margaux
Château Belgrave		上梅多克
Château Camensac		上梅多克
Château Cantemerle		上梅多克

■格拉芙地区的等级（1959 年） ※被分级的葡萄酒颜色会有不同

红 白	AOC名对照表	AOC
●	Château Haut-Brion	Pessac
●	Château Pape-Clément	Pessac
●	Château de Fieuzal	Léognan
●	Château Haut-Bailly	Léognan
●	Château La Mission-Haut-Brion	Talence
●	Château La Tour-Haut-Brion	Talence
●	Château Smith-Haut-Lafitte	Marcillac
● ◐	Château Carbonnieux	Léognan
● ◐	Domaine de Chevalier	Léognan
● ◐	Château Malartic-Lagravière	Léognan
● ◐	Château Olivier	Léognan
● ◐	Château Bouscaut	Cadauja
● ◐	Château La Tour-Martillac	Marcillac
◐	Château Laville-Haut Brion	Talence
◐	Château Couhins	Villenave–d'Orno
◐	Château Couhins-Lurton	Villenave–d'Orno

■圣艾米隆地区的等级（2006 年） ※每10年重评一次

一等酒庄 A　P remier Grand Cru Classé Château A
Château Ausone
Château Cheval Blanc

一等酒庄 B　Premier Grand Cru Classé Château B
Château Angélus
Château Beau-Séjour Bécot
Château Beau-Séjour
Château Belair
Château Canon
Château Figeac
Château La Gaffelière
Château Magdelaine
Château Pavie
Château Trottevieille
Château Cios-Fourtet
Château Troplong-Mondot
Château Pavie- Macquin

■庞美洛村的优良酒庄

Château Pétrus	Vieux Château Certan
Château La Fleur-Pétrus	Château la Conseillante
Château Lafleur	Domaine de l'Eglise
Château l'Evangile	Château Gazin
Château Trotanoy	Château de Sales
Château Le Pin	Château Petit-Village
Château Certan-de-May	Château Latour à Pomerol
Château Nenim	

勃艮第地区被称为金坡地的特级葡萄田

※表示红葡萄酒、白葡萄酒的特级田
※标有"[部分]"是指那块田横跨两个村庄的情况

Côtes de Nuits 【24块】	
Gevrey–Chambertin村	
● Mazis-Chambertin	● Griotte-Chambertin
● Ruchottes-Chambertin	● Charmes-Chambertin
● Chambertin-Clos de Bèze	● Mazoyères-Chambertin
● Chambertin	● Latricières-Chambertin
● Chapelle-Chambertin	
Morey–Saint–Denis村	
● Clos de la roche	● Clos de Tart
● Clos Saint Denis	● Bonnes-Mares
● Clos des Lambrays	
Chambolle–Musigny村	
● Bonnes-Mares	
● ● Musigny	
Vouceot村	
● Clos de Vougeot	
Fragey–Echezeaux村	
● Échézeaux	● Grands-Échézeaux
Vosne–Romanée村	
● La Grande Rue	● Romanée-Conti
● Richebourg	● Romanée-Saint-Vivant
● La Romanée	● La Tâche
Côte de Beaune 【8块】	
Pernand–Vergelesses村	
● Corton	● Charlmagne
● Corton-Charlmagne	
Aloxe–Corton村	
● ● Corton	● Charlmagne
● Corton-Charlmagne	
Ladoix村	
● ● Corton	● Corton-Charlmagne
Puligny–Montrachet村	
● Montrachet	● Chevalier-Montrachet
● Bâtard- Montrachet	● Bienvenues-Bâtard-Montrachet
Chassagne–Montrachet村	
● Montrachet	● Criots-Bâtard-Montrachet
● Bâtard-Montrachet	

德国优质葡萄酒
的品质等级

气候寒冷的德国在收获时会按照葡萄汁的糖度对最高级葡萄酒进行分级。
表示果汁糖度的单位是"Oechsle度"。
需要注意的是Oechsle度所表示的只是葡萄果汁阶段的含糖量，
与葡萄酒完成时的残糖量（甜度）并不一定一致。

降级

Kabinett

使用成熟葡萄酿造的高贵型葡萄酒。多为干葡萄酒，最低Oechsle度为70～85。

Spätlese

使用迟摘葡萄酿造，口感平衡柔和的葡萄酒。最低Oechsle度为76～95。

Auslese

使用更为成熟、经过挑选的葡萄，更有气质的葡萄酒。最低Oechsle度为83～105。

Beerenauslese

使用手工挑选的，成熟度非常高的葡萄酿造，口感醇厚芬芳的葡萄酒。最低Oechsle度为110～128。

Eiswein

收获结冰状态下的成熟葡萄，并直接压榨。这种酒的特征是高度浓缩的酸味和甜味。最低Oechsle度为110～128。

Trockenbeerenauslese

德国葡萄酒的最高峰。使用贵腐化后变得像葡萄干一样的葡萄进行酿造。口味极甜，最低Oechsle度为150～154。

升级

酒瓶的容量称谓

（香槟地区的叫法）
常见的葡萄酒（叫做Bouteille）容量是750ml。
下表中的瓶数即以750ml进行换算。

1/4 瓶（188ml）	Quart
1/2 瓶（375ml）	Demie-bouteille
1 瓶（750ml）	Bouteille
2 瓶（1500ml）	Magnum
4 瓶（3000ml）	Jéroboam
6 瓶（4500ml）	Réhoboam
8 瓶（6000ml）	Mathusalem
12 瓶（9000ml）	Sarmanazar
16 瓶（12000ml）	Balthazar
20 瓶（15000ml）	Nabuchodonosor

※波尔多地区将称为Double−Magnum
※※波尔多地区称为Jéroboam
※※※波尔多地区称为Impérial

代表性葡萄酒的别名

白葡萄品种	
常用品种名	别名
白诗南（法国）	Steen(南非)
	Pineau de la loire(法国卢瓦尔地区)
麝香葡萄Muscadet（法国）	Melon de Bourgogne(法国卢瓦尔地区)
灰品乐 Pinot Gris （法国）	Grauburgunder(德国)
	Pinot Grigio(意大利)
	Tokay d'Alsace(法国阿尔萨斯地区)
白品乐 Pinot Blanc（法国）	Weißburgunder(德国)
	Pinot Bianco(意大利)
品丽珠Sauvignon Blanc（法国）	Fumé Blanc(美国)
白玉霓Ugni Blanc（法国）	Trebbiano(意大利)
维蒙蒂诺 Vermentino（法国）	Rolle(法国普罗旺斯地区)

黑葡萄品种	
黑品乐Pinot Noir（法国）	Spätburgunder(德国)
	Pino Nero(意大利)
歌海纳Grenache（法国）	Garnacha(西班牙)
慕尔韦度Mourvèdre（法国）	Monastrell(西班牙)
马尔贝克Malbec（法国）	Côt(法国)
	Auxerrois(法国卡奥尔地区)
桑娇维赛Sangiovese（意大利）	Nielluccio(法国科西嘉岛)
纳比奥罗Nebbiolo（意大利）	Spanna(意大利赫玛地区)
	ChiaVennasca(意大利瓦尔泰利纳地区)
添帕尼优（西班牙）	Tinto Fino(西班牙卡斯蒂利亚·莱昂地区)
	Tinto del Pais(西班牙卡斯蒂利亚·莱昂地区)
	Cencibel(西班牙拉曼恰地区)

葡萄酒用语及索引

※术语大致分为以下九个类别。葡萄酒种类、产地（国家）、栽培·葡萄田、制法·酿造、葡萄品种名、生产者、葡萄酒法、味道·香气、料理。
※各术语的解说一般都基于原页，所以翻回原页的话会有更详尽的解释。

	术语	类别	解释	出现页
A	Aloxe-Corton村	产地	法国勃艮第地区的代表酒村之一。	176
	Amontillado	葡萄酒种类	雪莉酒的一种。琥珀色，味道具有成熟感，有点像坚果。	
	Anzieu	产地	法国卢瓦尔地区的产地。生产白诗南的各类白葡萄酒和赤霞珠的红葡萄酒。	75
	AOC	葡萄酒法	法国的葡萄酒法。规范最高级葡萄酒的品质等级和原产地称呼。	99, 101
	Assemblage	制法·酿造	意为调和、混合。特指香槟的制作过程中，将不同品种、农田、收获年的葡萄混合的制法。	
	Auslese	葡萄酒法	德国谓称优质葡萄根据糖度分级的其中一级。	177
	Attack	味道·香气	葡萄酒入口后的第一印象。	
	阿尔巴利诺	葡萄品种名	西班牙下海湾地区和葡萄牙北部的代表品种白葡萄。清新清凉的果味颇具魅力。	53
	阿尔萨斯	产地	法国东北部，与香槟区同为法国最北边的产地。以雷司令等单一品种的白葡萄酒为主要产品。	71, 75
	阿空加瓜	产地	位于圣地亚哥北方的智利葡萄酒产地。生产口味浓缩的赤霞珠。	92
B	Barbaresco	产地	使用纳比奥罗葡萄的意大利皮埃蒙特州的红酒。	
	Barolo	产地	使用纳比奥罗葡萄的意大利皮埃蒙特州的红酒。	
	Beerenauslese	葡萄酒法	德国谓称优质酒根据糖度分级的其中一级。	177
	Bio-Dynamie	栽培·葡萄田	奥地利思想家鲁道夫·施坦纳发明的有机农法。特点是要配合月球等星体的运行进行耕种。	
	Bistro	料理	法国气氛轻松的小酒馆、小饭店。	118
	Blanc de Blanc	葡萄酒种类	用白葡萄酿造的白葡萄酒（香槟）。	66, 67
	Blanc de Noirs	葡萄酒种类	用黑葡萄酿造的白葡萄酒（香槟）。	66, 67
	Bonnezeaux	产地	位于法国卢瓦尔河地区的产地，以白诗南贵腐甜酒著名。	
	Brunello di Montalcino	产地	用桑娇维赛酿造的意大利托斯卡纳州的红酒（DOCG）	79
	Brut	葡萄酒种类	表示香槟甜度的一个级别。干，残糖量15g/l以下。	77
	巴登地区	产地	德国最南端的产区。隔着莱茵河，对面便是法国的阿尔萨斯。	80, 81
	芭萝莎谷	产地	南澳大利亚州的澳洲最大产地。西拉子十分闻名。	88, 89
	白垩质	栽培·葡萄田	石灰岩的一种。含有贝壳等化石成分，呈灰色，质软。主要成分是碳酸钙。常见于香槟地区。	
	白品乐	葡萄品种名	酿出的干白生机盎然，口感轻快。是黑品乐的变种。	51
	白诗南	葡萄品种名	法国卢瓦尔地区的白葡萄品种。	52
	冰酒	葡萄品种类	用结冰的葡萄酿造的葡萄酒。在德国的谓称优质酒中列为与Beerenauslese同级。	66, 177

179

	术语	类别	解释	出现页
	波尔多	产地	位于法国西南部的世界级产地。赤霞珠未主体的混合酒天下闻名。	71，72
	勃艮第	产地	位于法国中央山地的东北部，以黑品乐和霞多丽闻名世界的产地。	71，73
	博若莱	产地	法国勃艮第最南部的产区。	
	博若莱新酒	葡萄酒种类	法国博若莱酿造的每年11月第三个星期四发售的新酒。	102
C	Centre Nivernais	产地	法国卢瓦尔地区的产地。生产品丽珠。	
	Chablis	产地	法国勃艮第地区，生产爽口霞多丽白葡萄酒的产地。	73
	Chambolle-musigny	产地	法国勃艮第地区的酒村。	176
	Chassagne-Montrachet	产地	法国勃艮第地区的酒村。	176
	Chateau	生产者	拥有自有田，并使用自产葡萄酿酒的波尔多葡萄酒厂。	98
	Châteauneuf-du-Pape	产地	法国罗讷省南部的产地。	74
	Chianti	产地	意大利托斯卡纳州以桑娇维赛为主的红葡萄酒品牌。	
	Chinon	产地	法国卢瓦尔河中游的产地。生产赤霞珠和白诗南。	75
	Classic	葡萄酒法	德国干葡萄酒的新等级。种植在13个指定区域，并原则上使用单一品种葡萄的酒。	
	Clément	葡萄酒种类	香槟区以外的使用瓶内二次发酵法酿造的发泡酒。	
	Coopératif Manipulant	生产者	生产合作社。香槟区的一个酿造组织。	
	Côte Chalonnaise	产地	法国勃艮第地区的产地。	
	Côte de Beaune	产地	法国勃艮第地区的产地。生产高级霞多丽酒。	73
	Cote de Blancs	产地	法国香槟地区的代表产地。盛产霞多丽。	76
	Cote d'Or	产地	Côtes de Nuits和Côte de Beaune两者结合的地名。勃艮第的最大产区。	
	Côte Rôtie	产地	法国罗讷省北部的产地。盛产西拉子红酒。	74
	Coteaux du Layon	产地	法国卢瓦尔地区的产地。	
	Côtes de Nuits	产地	法国勃艮第地区的产地。盛产黑品乐红酒。	73
	Crianza	葡萄酒法	西班牙的葡萄酒成熟规定。红酒拥有24个月以上，白、桃红酒12个月以上的成熟时间者。	
	Cuvee	葡萄酒种类	每个酒槽中的酒。引申为特定的葡萄或制造者酿造的产品。	
	产地条件	栽培・葡萄田	影响葡萄生长的土地条件、地势、气候等客观因素。	30，58
	沉淀	制法・酿造	酒精发酵后酵母的尸体和其他固态物，沉淀在容器底部。	62
	成熟香	味道・香气	长期储存成熟后的酒香。类似潮湿的土壤或蘑菇、雪茄和皮革。	106
	迟摘酒	葡萄酒种类	推迟收获时间从而提高甜度的葡萄酒。	66
	赤霞珠	葡萄品种名	以法国波尔多地区为首，在世界各地都有种植的黑葡萄品种。色泽浓厚口感醇香。	28，44
	除梗	制法・酿造	去除收获的葡萄的梗的工作。	62
	村名（葡萄酒）	葡萄酒法	法国勃艮第地区可以冠以产地的村名的AOC和葡萄酒。	101

	术语	类别	解释	出现页
D	Decantage（醒酒）	味道·香气	将葡萄酒倒入名为醒酒瓶的容器，让香味更加发散，并去除储存过程中产生的沉淀。	129
	Demi Sec	葡萄酒法	表示香槟甜度的一个级别。甜，残糖量33～50g/l。	77
	DOC/DOCG	葡萄酒法	意大利的葡萄酒法中相当于法国AOC的原产地统一称呼的质量等级。DOCG的级别更高。	116
	Domaine	生产者	拥有自有田，并使用自产葡萄酿酒的葡萄酒厂，与Négociant相对。	98
	Dosage	制法·酿造	香槟酿造过程中，补充因去除沉淀而损失的酒液的工序。或指这道工序中添加的糖分。	
	Doux	葡萄酒种类	表示香槟甜度的一个级别。极甜，残糖量50g/l以上。	77
	大桶	制法·酿造	容量600升以上的酒桶。	
	单宁	味道·香气	来自葡萄皮和种子的涩味成分。是红葡萄酒味道的重要组成部分。	108
	杜罗河谷	产地	东西流经西班牙内陆的杜罗河沿岸的产地。盛产添帕尼优红酒。	82，83
	多尔多涅河	产地	流经法国波尔多地区的河流。	
E	Entre-Deux-Mers地区	产地	法国波尔多地区的产地，位于加隆河和多尔多涅河之间，是一个生产干白葡萄酒的AOC。	
	Espumoso	葡萄酒种类	西班牙对发泡酒的总称。	100
	俄勒冈州	产地	美国加利福尼亚州北方的一个州，气候凉爽，盛产黑品乐。	32，33，45，86，87，156
	鹅肝	料理	过度喂食鸭子或鹅，使其长成肥大的肝脏。味道十分浓郁。	167
	二线葡萄酒	葡萄酒种类	酒庄所产的不能冠以最上级之名的，使用新树的葡萄酒。	41，100
F	Finesse	味道·香气	形容葡萄酒口感的词汇，细腻、优雅、高贵之意。	
	Fino	葡萄酒种类	雪利酒的种类。在不去除酒花的情况下储存成熟，带有淡淡的麦色的干葡萄酒。	
	Flavored Wine	葡萄酒种类	加以香草，果实，甜味料等独特风味的葡萄酒。	
	Fortified Wine	葡萄酒种类	见酒精加强酒。	
	发泡葡萄酒	葡萄酒种类	含有二氧化碳，具有发泡性的葡萄酒。一般瓶内气压在三倍大气压以上。	21，61，65，100
	法国橡木	制法·酿造	用作酒桶木材的法国橡木。	105
	防氧化剂	制法·酿造	参看亚硫酸。	
	放血法	制法·酿造	桃红葡萄酒的酿造法。提取大量的单宁，味道类似红葡萄酒。	64
	分级	葡萄酒法	主要在法国波尔多地区实施的，质的等级。Médoc的分级最为有名。	101,173
	弗兰肯地区	产地	德国美因河流域的产地。	80，81
	弗留利·威尼斯·茱莉亚州	产地	意大利东北部的产区，生产高级白葡萄酒。	78，79
G	Generic Wine	葡萄酒种类	美国葡萄酒法上不标识品种名的日常消费用酒。	
	Gevrey-Chambertin	产地	法国勃艮第地区的酒村。	
	Gibier	料理	鹿、野猪、野兔、野鸡等野味。	

术语	类别	解释	出现页
Givry（村）	产地	法国勃艮第地区的酒村。	33，45，142
Gran Reserva	葡萄酒法	西班牙的葡萄酒成熟规定。红酒拥有60个月以上，白、桃红酒48个月以上的成熟时间者。	103
Grand Cru	葡萄酒法	特级田（勃艮第）原则上指该地域产地名的最小单位。	101
Graves	产地	法国波尔多地区加隆河右岸的产地。	101
歌海纳	葡萄品种名	南法或西班牙的黑葡萄品种，多与其他品种混搭使用。	
格乌兹莱尼	葡萄品种名	白葡萄品种，拥有玫瑰或青柠般的香味。主要产地在法国的阿尔萨斯地区。	53
贵腐酒	葡萄酒种类	通过贵腐菌的作用蒸发水分，提高甜度的葡萄酒。	
果梗	栽培·葡萄田	葡萄果实中茎的部分。	41
H Hermitage	产地	法国罗讷省北部的产地。以生产西拉子红酒为主。	
赫雷斯	产地	西班牙西南部，安达卢西亚地区的雪莉酒产地。	82，83
黑品乐	葡萄品种名	香气迷人，酸味美妙，与赤霞珠齐名的黑葡萄品种。勃艮第为其代表。	28，45
黑色果实	味道·香气	在描述红葡萄酒香气是常用的词语。包括黑加仑、李子、黑莓等。	28，46，92
红宝石	味道·香气	形容红葡萄酒色调的词汇。明亮闪耀的红色。	21，91，93
红色果实	味道·香气	在描述红葡萄酒香气是常用的词语。包括红醋栗、草莓、覆盆子、樱桃等。	22，28，48，79，91，95，142，170
花岗岩	栽培·葡萄田	火山岩的一种，含有云母或长石。常见于北罗讷或阿尔萨斯地区。	
华盛顿州	产地	美国西海岸最北部的一个州。盛产梅洛、雷司令等，在美国产量第二。	86，87
灰品乐	葡萄品种名	特点是醇厚的肉质。果皮呈粉色的灰色品种（白葡萄酒用）。	71，75，79，88，91，137
混酿	制法·酿造	在发酵槽中投入多种葡萄，一起发酵的制法。	
J 纪龙德河	产地	法国勃艮第地区的一条河，流入大西洋。	72
加隆河	产地	法国勃艮第地区的一条河。	
佳美	葡萄品种名	法国勃艮第博若莱地区使用的黑葡萄品种。轻快而果味充足。	53
甲州	葡萄品种名	日本白葡萄品种。特征是透明清爽的酸味和柔和苦味。	52
酵母	制法·酿造	将糖分变为二氧化碳和酒精，引起酒精发酵的微生物。	60
浸渍	制法·酿造	酿造红酒时将果汁果皮种子一起捣碎，从而提取色素的过程。	62
酒精加强葡萄酒	葡萄酒种类	酒精发酵过程中加入蒸馏酒，将酒精度数提高至15°～22°的葡萄酒。如西班牙的雪莉酒等。	
酒香	味道·香气	将酒杯凑近鼻子时闻到的香味。	
K Kabinett	葡萄酒法	德国谓称优质酒根据糖度分级的其中一级。	177
卡瓦	葡萄酒种类	使用瓶内二次发酵法酿造的西班牙发泡葡萄酒。	
烤木香	味道·香气	来自酒桶遇火产生的香味。类似摩卡、巧克力、咖啡等。	

术语	类别	解释	出现页
科查瓜山谷	产地	智利的产地。	92
克隆	栽培·葡萄田	从优良树种上采集树枝，并嫁接增殖。	
孔德里欧地区	产地	法国罗讷北部，用维欧尼酿造白葡萄酒的产区。	51
矿物质感	味道·香气	让人感受到大地的矿物质般的香气。石灰质或板岩质土壤培育的葡萄尤为明显。	
拉曼恰	产地	西班牙马德里南边的该国最大产地。	82, 83
莱茵高地区	产地	德国莱茵河东西流经的一片产区。盛产雷司令。	80, 81
莱茵河	产地	纵贯德国国土，流经各大葡萄酒产区的河流。	80
莱茵黑森地区	产地	德国葡萄酒产区中最大种植面积最大的一个。产品偏休闲化。	163
朗格多克地区	产地	法国罗讷河口以西至地中海沿岸的一片产区。产量国内第一。	71
老桶	制法·酿造	储存过一次葡萄酒的酒桶。	105
雷司令	葡萄品种名	德国和阿尔萨斯的典型白葡萄品种。香气类似白色花朵和蜂蜜，味酸水润。	26, 50
里奥哈	产地	西班牙北部、埃布罗河上游的西班牙首屈一指的产地。产量的80%是添帕尼优红酒。	82, 83
卢瓦尔地区	产地	法国卢瓦尔河流域的产地。	49, 71
卢瓦尔河	产地	南北流经法国中部后像西北弯折改为东西走向，全长1000km，法国最长的河流。	71
绿维特利那	葡萄品种名	南法或西班牙的黑葡萄品种。	162
罗讷河	产地	南北流经法国东南部，最后注入地中海的河流。	71
罗讷省	产地	法国罗讷河流域的产地。	71
Macération	制法·酿造	同"浸渍"。	
Maconnais	产地	法国勃艮第的产地。生产霞多丽白葡萄酒。	73
Maison	生产者	香槟地区对酿造者的称呼。	
MANZANILLA	葡萄酒种类	雪利酒的一种。和Fino是同一种类型	
Margaux	产地	法国勃艮第的酒村。	
Marriage	其他	葡萄酒和食品的搭配。	
Marsannay	产地	法国勃艮第的酒村，以桃红酒闻名。	
Médoc /Haut-Médoc	产地	位于法国波尔多地区纪龙德河左岸，上游是Haut-Médoc，下游是Médoc。	
Meursault	产地	法国勃艮第地区的酒村。	53
Millesime	葡萄酒种类	记载收获年的香槟酒。葡萄收成好的时候会只用那一年的原酒。	
MLF	制法·酿造	乳酸发酵。	62, 104
Monopole	栽培·葡萄田	勃艮第地区对一片田由一个酿造者独占的情况的称呼。	
Montagne de Reims	产地	香槟地区的主要产区之一，主要种植黑品乐。	76
Montrachet	产地	法国勃艮第地区 Cote de Beaune 的特级田。被成为霞多丽等白葡萄的圣地，拥有众多爱好者。	
Morey-St-Denis	产地	法国勃艮第地区的酒村。	
Moulis & Listrac	产地	法国波尔多地区的酒村。	
马丁堡	产地	新西兰北岛最北端的产地。该国黑品乐代表产地之一。	90, 91

L

M

	术语	类别	解释	出现页
	马尔堡	产地	新西兰南岛的该国最大的产地。盛产品丽珠。	90，91
	马尔贝克	制法·酿造	主要种植于阿根廷的黑葡萄品种。色泽浓厚具有野性美。	53
	马赛鱼汤	料理	使用白肉鱼和虾蟹、贝类等海鲜和土豆一起煮成的汤。南法沿海地区的乡土料理。	137
	迈坡山谷	产地	位于智利中央峡谷的该国最著名的产地。盛产赤霞珠。	92
	梅洛	葡萄品种名	法国波尔多原产的黑葡萄品种。特点是饱满的肉质和果味。	28，45
	美国橡木	制法·酿造	美国产的白橡木(桶材)。桶香类似椰奶般香甜。	105
	门多萨省	产地	占阿根廷国内产量七成以上的主要产地。	93
	摩泽尔地区	产地	德国摩泽尔河、萨尔河、汝法河三河流域的产地。	80，81
	莫尼耶品乐	葡萄品种名	用于酿造香槟的黑葡萄品种。柔和而肉质厚实。	76
	慕尔韦度	葡萄品种名	西班牙或南法广泛种植的黑葡萄品种。	
N	Négociant	生产者	没有自有田，购买别人的葡萄进行酿造的酒厂。	74
	Négociant Manipulant	生产者	原料葡萄的一部分或全部依靠进货的酿造者。	74
	North Coast	产地	美国加利福尼亚州旧金山一杯的沿海地区。多产高级葡萄酒。	
	Nuits Saint-Georges	产地	法国勃艮第地区的酒村。	
	NV	葡萄酒种类	不记载收获年的香槟酒。一般是混合了多个年份的原酒。	77
	纳比奥罗	葡萄品种名	意大利皮埃蒙特州的黑葡萄品种。	53
	纳帕谷	产地	美国加利福尼亚州的产地。以其赤霞珠和霞多丽闻名。	86，87
	南澳大利亚州	味道·香气	占澳大利亚国内产量一半的产区。以口感强劲的西拉子闻名。	88，89，160，161
	泥灰岩	栽培·葡萄田	粘土和石灰混合的，介于泥岩和石灰岩之间的岩石。勃艮第的Chablis常见这种地质。	
	农药减量农法	栽培·葡萄田	除了必要的时刻以外不使用农药等化学药剂的农法。	102
	黏性	味道·香气	葡萄酒的黏性。根据倾斜酒杯后挂在杯壁上酒液流动判断。	131
O	Oechsle Dry	葡萄酒法	香槟区用于表示甜度的单位中的半干。残糖量12～20g/l。	
	Oechsle度	葡萄酒法	德国用于表示葡萄果汁中含糖量的单位(并非葡萄酒的甜度)	177
	Oloroso	葡萄酒种类	雪利酒的一种。呈茶色，多为醇厚的干葡萄酒。	
	Organic	栽培·葡萄田	有机栽培。	
P	Passito	葡萄酒种类	使用阴干的葡萄酿造的意大利甜酒。	
	Pauillac	产地	法国波尔多地区Haut-Médoc的酒村。	
	Pays Nantais	产地	法国卢瓦尔地区的产地。用麝香葡萄酿造干白葡萄酒。	
	Penedes	产地	西班牙东北，加泰罗尼亚州的产地。卡瓦酒的主产地。	

术语	类别	解释	出现页
Pessac-Léognan	产地	法国波尔多 Grave 地区中较为高级的村名 AOC。	
Pétillant	葡萄酒种类	法国对气压较低的弱发泡酒的称呼。	
Pinot Grigio	葡萄品种名	灰品乐的意大利别名。	178
Pomerol	产地	法国波尔多右岸的产地。多产梅洛葡萄酒。	72，101
Pouilly-Fuissé	产地	法国勃艮第地区的酒村。	
Praedikatwein	葡萄酒法	德国葡萄酒法中,对品质等级最高的原产地生产的葡萄酒的称呼。	
Premier Cru	葡萄酒法	勃艮第的一级田。	101
Prestige	葡萄酒种类	使用最高级的原酒,最高级的香槟。	77
Priorat	产地	西班牙加泰罗尼亚的山岳中的斜坡上的产地。	
Puligny-Montrachet	产地	法国勃艮第地区的酒村。	176
皮埃蒙特州	产地	位于意大利西北部阿尔卑斯山山麓的意大利两大产地之一。	78，79
品丽珠	葡萄品种名	黑葡萄品种。味道类似赤霞珠但单宁更少更柔和。	26，47
瓶内二次发酵	制法·酿造	香槟的传统制法。在装瓶后的葡萄酒中添加酵母和糖,密封进行第二次发酵产生瓶中的二氧化碳。	65
瓶塞味	味道·香气	由次品木塞造成的臭味。类似发霉的纸板箱的味道。	106
葡萄干酒	葡萄酒种类	使用葡萄干酿造的甜葡萄酒。	66
葡萄根瘤蚜	栽培·葡萄田	19世纪后期带给欧洲葡萄带来毁灭性打击的寄生虫。欧洲葡萄对其没有抵抗力。	103
普法尔茨	产地	德国莱茵黑森正南方的产地。	80，81
普罗旺斯&科西嘉岛	产地	普罗旺斯位于南部,面向地中海,科西嘉岛则是在地中海上的岛屿。	71
Q	Q.b.A	葡萄酒法	德国的葡萄酒法,指定了13个栽培区域和使用这里的葡萄酿造的高级葡萄酒。	
	Quarts de Chaume	产地	法国卢瓦尔地区的产地,盛产白诗南贵腐酒。	
R	Recolat Manipulant	生产者	只用自有农田的葡萄酿造香槟的种植者兼酿造者。规模大多较小。	74
	Reefer container	其他	内置空调可以调节温度的集装箱。	
	Reserva	葡萄酒法	西班牙葡萄酒的储存成熟规定,红葡萄酒拥有36个月以上,白、桃红酒拥有24个月以上成熟期。	159
	Romanée-Conti	产地	法国勃艮第地区的特级田名。生产黑品乐。	
	Rueda	产地	东西流经西班牙内陆的杜罗河流域,海拔700米左右的一处产地。	
	汝拉省	产地	法国勃艮第地区和瑞士交界处的产地。生产白葡萄酒和黄葡萄酒。	71
	乳酸发酵	制法·酿造	通过乳酸菌的活动将葡萄酒中的苹果酸变为乳酸的发酵。可以柔化酸味,增添口感的复杂程度。	62，104
S	Saint-Estèphe	产地	法国波尔多地区的酒村。	
	Saint-Julien	产地	法国波尔多地区的酒村。	
	Sancerre	产地	法国卢瓦尔河上游的产地。生产品丽珠、黑品乐等。	75
	Sauternes	产地	法国波尔多 Grave 地区南部的产地。生产世界顶级的贵腐酒。	72

术语	类别	解释	出现页
Savoie	产地	法国勒芒湖两侧的产地。	
Selection	葡萄酒法	德国干葡萄酒的新的质量等级。指使用单一农田的葡萄的最高级干葡萄酒。	171
Selection de Grains Nobles	葡萄酒种类	法国阿尔萨斯地区使用贵腐葡萄酿制的甜葡萄酒。	
Skin contact	制法·酿造	为了从果皮和种子中提取有效成分,在压榨前短时间浸渍的一种白葡萄酒酿造方法。	
Soave	葡萄酒种类	意大利威尼托州以Garganega为原料的口感轻快的白葡萄酒(DOCG)。适合搭配海鲜。	
Spätburugunder	葡萄品种名	德国的黑品乐别名。	178
Spätlese	葡萄酒法	德国谓称优质酒根据糖度分级的其中一级。	177
Spumante	葡萄酒种类	意大利对发泡酒的称呼。	100
Super Second	生产者	Médoc分级的酒庄中2级以下但质量接近1级的酒庄。	
SUPER TUSCAN	葡萄酒种类	不拘泥于意大利的葡萄酒法,使用现代酿酒技术或法国系葡萄品种的意大利葡萄酒。	
Sur Lie	制法·酿造	发酵完成后保持酒和沉淀物接触,即保持葡萄酒新鲜,又能提沉淀物风味的一种酿造法。	104
三大贵腐酒(法国)	葡萄酒种类	Sauternes、阿尔萨斯的SGN、卢瓦尔的贵腐酒。	
三大贵腐酒(世界)	葡萄酒种类	分别是德国的Trockenbeerenauslese、法国的Sauternes和匈牙利的Tokaji。	
三大加强葡萄酒	葡萄酒种类	雪利酒、波酒、马德拉酒。	
三大桃红酒	葡萄酒种类	卢瓦尔的Rose d'Anjour,罗讷的Travel,普罗旺斯的桃红酒。	
桑娇维赛	葡萄品种名	托斯卡纳州为首的意大利第一大黑葡萄品种。酸味丰富富有活力。	46
沙美龙	葡萄品种名	白葡萄品种。容易贵腐化,法国波尔多地区常用它作为Sauternes的原料。	53
麝香·贝利A	葡萄品种名	日本独有的黑葡萄品种。特色是其独特的甘甜果香。	48
麝香葡萄	葡萄品种名	白葡萄品种。口感水嫩清爽,麝香酒含糖量较高。	52
石灰岩	栽培·葡萄田	以碳酸钙为主要成分的沉积岩。香槟区和Chablis的常见地质。	59
石榴石	味道·香气	用来描述葡萄酒的色泽,较为浓郁的红、暗红色。	21,145
四大高贵品种	葡萄品种名	法国阿尔萨斯的品种中被认为是高贵的四个品种:雷司令、灰品乐、绿维特利那和麝香。	
松露	料理	与鱼子酱、鹅肝并称为世界三大美食。	106,134
索诺玛县	产地	美国加利福尼亚的产地。种植多种葡萄,其中霞多丽、黑品乐、仙粉黛等都颇有名气。	86,87
T	Trockenbeerenauslese	葡萄酒法	德国谓称优质酒根据糖度分级的其中一级。	177
	添帕尼优	葡萄品种名	西班牙全境都有种植的黑葡萄品种。特点是浓郁的酸味。	48
	甜葡萄酒	葡萄酒种类	中途停止酒精发酵,或是酵母分解糖分不完全所形成的留有糖分的葡萄酒。	66
	桶香	味道·香气	发酵、储存过程中使用橡木桶所带来的香气。类似香草、坚果、咖啡或烤肉。	140,148,160

葡萄酒品种目录

这里按品种将第七章中推荐的葡萄酒进行分类

主要品种	酒名	国名	页数
阿内斯	杰乐托布朗格白葡萄酒（Ceretto Arneis Blange）	意大利	165
阿尔马利诺	罗沙利亚酒厂帕克卡斯特罗葡萄酒（Bodegas Rosalia de Castro Paco y Lola）	西班牙	153
维欧尼	圣克斯米酒庄小詹姆斯压榨酒（Saint Cosme / Little James Basket Press）	法国	147
赤霞珠	圣百荣酒庄普罗旺斯葡萄酒（Chateau Saint Baillon Cotes de Provence Le Roudai）	法国	145
	让·巴蒙特 赤霞珠红葡萄酒（Jean Balmont Cabernet Sauvignon）	法国	149
	老爷车城堡葡萄酒（Chateau Patache d'Aux）	法国	148
	嘉斯山酒业特供葡萄酒（MontGras Quatro Reserva）	智利	159
	嘉斯山酒业云顶至尊赤霞珠葡萄酒（MONTGRAS NINQUEN Cabernet Sauvignon）	智利	158
	华诗歌特供葡萄酒（Los Vascos Grande Reserve）	智利	158
	鹿跃酒厂鹰冠赤霞珠红葡萄酒（Stag's Leap Wine Cellars Hawk Crest Cabernet Sauvignon）	美国	156
	莫顿埃姆斯贝尔山庄园赤霞珠葡萄酒（Medlock Ames Cabernet Sauvignon Bell Mount Vineyard）	美国	155
	本菲尔德·德拉梅尔酒庄奥西里斯之曲葡萄酒（Benfield Delamare Song for Osiris）	新西兰	168
	卡斯蒂略兰波拉圣马可葡萄酒（Castello dei Rampolla San Marco）	意大利	164
长相思	罗赫酒庄品丽珠葡萄酒（Chateau de la Roche / Cuve Adrien)	法国	142
佳美	途伯夫舍维尼红葡萄酒（Tue-Boeuf Cheverny Rouillon）	法国	157
	拉蒙特酒庄勃艮第红葡萄酒（Domaine Ramonet Bourgogne Passetoutgrain）	法国	157
	博伊斯酒庄卢卡斯图赖衲顺子葡萄酒（DOMAINE DES BOIS LUCAS CUVEE TOURAINE KUNIKO）	法国	150
绿维特利那	格拉泽绿维特利那白葡萄酒（Glatzer Gruner Veltliner）	奥地利	162
	格耶霍夫不锈钢罐绿维特利纳葡萄酒（Geyerhof Gruner Veltliner Steinleithn）	奥地利	162
歌海纳	伯纳贝尔瓦酒厂歌海纳葡萄酒（BERNABELEVA Garnacha De Vina Bonita）	西班牙	154
	波普列酒庄罗讷河口地区餐酒（Domaine de Beaupre VDP des Bouches-du-Rhone）	法国	143
	古贝尔酒庄 吉恭达斯·弗罗伦斯葡萄酒（Domaine Les Goubert Gigondas Cuvee Florence）	法国	142
	古贝尔酒庄吉恭达斯·弗罗伦斯葡萄酒（Domaine Les Goubert Gigondas Cuvee Florence）	法国	144
	黛丝柯蓝酒庄密语天使普罗旺斯桃红葡萄酒（Chateau d'Esclans Whispering Angel Rosé Côtes de Provence）	法国	146
	沙普蒂尔酒庄巴纽尔斯葡萄酒（Chapoutier Banyuls）	法国	148
大满胜	卡普马丁酒庄帕夏尔冰葡萄酒（Domaine Capmartin Pacherenc du Vic Bilh Doux）	法国	143
格乌兹莱尼	柯诺苏格乌兹莱尼葡萄酒（Cono Sur Gewürztraminer Varietal	智利	159
	Lawson's Dry Hills Gewürztraminer）	新西兰	167

主要品种	酒名	国名	页数
桑娇维赛	吉士堡咏叹调桑娇维赛葡萄酒（Umani Ronchi Punto Esclamativo Sangiovese Marche）	意大利	164
霞多丽	亨利沃简西情人高级葡萄酒（Henri de Vaugency Cuvee des Amoureux Grand Cru Blanc de Blancs）	法国	150
	艾斯佩特发泡干葡萄酒（Espelt Sparkling Escuturit Brut）	西班牙	153
	伏亚格庄园霞多丽白葡萄酒（Voyager Estate / Chardonnay）	澳大利亚	160
	卡莱拉中央海岸霞多丽葡萄酒（Carela / Chardonnay Central Coast）	美国	157
	卢比肯酒庄索菲亚·柯波拉葡萄酒（Rubicon Estate / Sophia Coppola）	美国	155
西拉子	杜比亚酒庄米涅瓦传统葡萄酒（château D'cupio / Minervois Tradition）	法国	145
	菲戈拉斯酒庄西拉子歌海纳葡萄酒（Domaine Figueirasse Syrah Grenache）	法国	149
	希门尼斯兰迪 巴娇迪里奥葡萄酒（JIMENEZ LANDI BAJONDILLO）	西班牙	152
	崔妮蒂山霍克斯湾西拉子葡萄酒（Trinity hill Hawk's Bay Shiraz）	新西兰	168
	彼得利蒙芭萝莎克兰西红葡萄酒（Peter Lehmann Barossa Clancy's Red）	澳大利亚	161
	布莱斯第发泡西拉子红葡萄酒（BLEASDALE Sparkling Shiraz）	澳大利亚	160
	戴伦堡笑鹊牌西拉子维欧尼葡萄酒（d'Arenberg Laughing Magpie Shiraz Viognier）	澳大利亚	160
丝瓦娜	科斯特沃尔夫西万尼经典葡萄酒（Köster Wolf Silvaner Classic Q.b.A）	德国	163
仙粉黛	贝灵哲白色仙粉黛葡萄酒（Beringer White Zinfandel）	美国	157
	可兰庄园加利福尼亚仙粉黛葡萄酒（Cline Zinfandel California）	美国	156
沙美龙	科林酒庄贝杰哈克沙美龙葡萄酒（Chateau La Colline Bergerac Sémillon）	法国	143
品丽珠	Bioghetto.com / RN13野餐葡萄酒（Bioghetto.com / RN13 Vin de Pique-Nique）	法国	147
	梅丽客酒庄（Chateau Meric）	法国	147
	马丁堡葡萄园长相思葡萄酒（Martinborouh Vineyard / Te Tera Sauvignon Blanc）	新西兰	166
	兰德州长相思葡萄酒（Staete Landt / Sauvignon Blanc）	新西兰	166
丹娜	卡普马丁酒庄马德里安传统葡萄酒（Domaine Capmartin Madiran Tradition）	法国	145
添帕尼优	酿酒厂艺术品第九号葡萄酒（Winery Arts NO.9）	西班牙	154
	松酒庄松葡萄酒（Bodegas Matsu Matsu）	西班牙	154
	威尼多思酒厂新诞葡萄酒（Bodegas Y Vinedos Manuel Burgos AVAN Nacimiento）	西班牙	152
棠比内罗	安柯娜棠比内罗白葡萄酒（Ancora Trebbiano d'Abruzzo）	意大利	165
黑品乐	拉格酒庄芝莱葡萄酒（DOMAINE RAGOT Givry）	法国	142
	基督布新凡尔赛红葡萄酒（Christian Busin Comte de Versailles Grand Cru）	法国	144
	洛布赖特莫诺酒庄勃艮第黑品乐葡萄酒（Domaine Roblet-Monot Bourgogne Pinot Noir）	法国	149
	柯诺苏黑品乐OCIO葡萄酒（Cono Sur Pinot Noir OCIO）	智利	158

主要品种	酒名	国名	页数
黑品乐	塔马河谷恶魔角系列黑品乐葡萄酒（Tamar Ridge Devil's Corner Pinot Noir）	澳大利亚	161
	希杜里威廉姆特谷黑品乐葡萄酒（Siduri / Pinot Noir Willamette Valley）	美国	156
	奥本小站伊莎贝尔黑品乐葡萄酒（Au Bon Climat Pinot Noir Isabelle）	美国	155
	分水岭黑品乐葡萄酒（Main Divide Pinot Noir）	新西兰	167
	俏石酒庄丘比特之箭黑品乐葡萄酒（Wild Rock / Cupids Arrow Pinot Noir）	新西兰	167
	楠田黑品乐葡萄酒（Kusuda Pinot Noir）	新西兰	168
	中央葡萄酒 Grace 余市 Pinot Noir	日本	171
白品乐	阿尔博·波克斯雷白品乐葡萄酒（Albert Boxler / Pinot Blanc）	法国	151
莫尼耶品乐	埃里克泰列特特级干葡萄酒（ERIC TAILLET Excellence Exra Brut）	法国	144
澳洲茨威格	小布施酿酒厂 Sooga pere et fils Cepage Europeen	日本	171
麝香葡萄	卡斯蒂略马蒂耶拉高级白葡萄酒（Castillo Maetierra / Grand Libalis Blanco）	西班牙	153
	维纳·马柯娜冰飞艳草莓发泡酒（Vina Mackenna Fresita）	智利	159
麝香·贝利A	竹田酿酒厂藏王星级红葡萄酒（Takeda Winery / 藏王Star Wine 赤）	日本	170
	都农葡萄酒 麝香贝利A庄园葡萄酒（Muscat Bailey A Estate）	日本	170
	岩之原葡萄园 岩之原葡萄酒 Muscat Bailey A 3986	日本	170
法国麝香	皮埃尔卢诺帕蓬麝香苏黎干白葡萄酒（Pierre Luneau-Papin Muscadet Sèvre et Maine Sur Lie Verger）	法国	151
梅洛	罗克梅恩堡红葡萄酒（Chateau Roque le Mayne）	法国	148
	克洛斯里欧卡斯蒂永葡萄酒（Clos Leo Ctes de Castillon）	法国	150
	国会山梅洛葡萄酒（Washington Hills / Merlot）	美国	157
	美利坚酒庄私酿（Chateau Mercian Private Reserve）桔梗原精选美梦葡萄酒（Merlot Barrel Selection）	日本	171
慕尔韦度	穆尔西亚酒厂皮科马达玛葡萄酒（Bodegas Y Vinedos de Murcia·SC Pico Madama）	西班牙	152
蒙蒂普尔查诺	科勒列多莫利塞罗素葡萄酒（COLLOREDO MOLISE ROSSO）	意大利	164
白玉霓	爱丽丝梅尔酒庄修道院十字架葡萄酒（Chateaux Elie Sumeire LA CROIX DU PRIEUR）	法国	151
拉波索	杰士康拉波索威尼托葡萄酒（Cescon Raboso del Veneto）	意大利	165
雷司令	露纹酒园艺术系列雷司令葡萄酒（Leeuwin Est. Art Series Riesling）	澳大利亚	161
	里彭雷司令葡萄酒（Rippon Reisling）	新西兰	166
	卢森博士 卢森雷司令Qba级白葡萄酒（Dr. Loosen / Villa Loosen Riesling Qba）	德国	163
	普伦兹雷司令干白葡萄酒（Prinz / Riesling Trocken）	德国	163
	梅伦霍夫日冕庄园精选葡萄酒（Meulenhof Wehlener Sonnenuhr AUSLESE（half size））	德国	162
雷司令里昂	艾德维恩（Edelwein）五月长根葡萄园葡萄酒	日本	169
甲州	丸藤葡萄酒工业鲁拜甲州苏黎干白葡萄酒（Rubaiyat 甲州 Sur Lie）	日本	169
	胜沼酿造 阿鲁加澄澈白葡萄酒（ARUGABRANCA CLAREZA）	日本	169

TITLE：［ワイン「楽しみ方」の基本］
BY：［池田書店］
Copyright © 2010, K.K.lkeda Shoten
Original Japanese language edition published by IKEDA PUBLISHING CO.,LTD.
All rights reserved. No part of this book may be reproduced in any form without the written permission o
the publisher.
Chinese translation rights arranged with IKEDA PUBLISHING CO.,LTD.
Tokyo through Nippon Shuppan Hanbai Inc.

图书在版编目（CIP）数据

漫话葡萄酒／（日）池田书店编著；陈浩译.—沈阳：辽宁科学技术出版社，
2012.3

ISBN 978-7-5381-7318-5

Ⅰ.①漫… Ⅱ.①池…②陈… Ⅲ.①葡萄酒-普及读物 Ⅳ.①TS262.6-49

中国版本图书馆CIP数据核字（2012）第003926号

策划制作：北京书锦缘咨询有限公司(www.booklink.com.cn)
总 策 划：陈 庆
策 划：李小青
装帧设计：刘 艳

出版发行：辽宁科学技术出版社
　　　　　（地址：沈阳市和平区十一纬路29号　邮编：110003）
印 刷 者：北京瑞禾彩色印刷有限公司
经 销 者：各地新华书店
幅面尺寸：148mm×210mm
印　张：6
字　数：87千字
出版时间：2012年3月第1版
印刷时间：2012年3月第1次印刷
责任编辑：修吉航　谨　严
责任校对：合　力

书　号：ISBN 978-7-5381-7318-5
定　价：32.00元

联系电话：024-23284376
邮购热线：024-23284502
E-mail：lnkjc@126.com
http：∥www.lnkj.com.cn
本网网址：www.lnkj.cn/uri.sh/7318